图解

洗衣机
维修一本通

张新德　等　编著

化学工业出版社
·北京·

内 容 简 介

本书采用彩色图解的方式，全面系统地介绍了洗衣机的维修技能及案例，主要内容包括洗衣机的结构原理、拆机、洗衣机专用元器件的识别与检测、洗衣机维保工具、洗衣机的维修方法与技能及故障维修案例。

本书内容遵循从零基础到技能提高的梯级学习模式，注重维修知识与实践相结合，彩色图解重点突出，同时对重要的知识和技能附视频讲解，以提高学习效率，达到学以致用、举一反三的目的。

本书适用于洗衣机维修人员及职业院校、培训学校相关专业师生学习参考。

图书在版编目（CIP）数据

图解洗衣机维修一本通 / 张新德等编著. —北京：化学工业出版社，2021.10（2024.11重印）
ISBN 978-7-122-39633-4

Ⅰ.①图… Ⅱ.①张… Ⅲ.①洗衣机 - 维修 - 图解 Ⅳ.① TM925.330.7-64

中国版本图书馆 CIP 数据核字（2021）第 149338 号

责任编辑：徐卿华 李军亮　　　　　　　文字编辑：宁宏宇　陈小滔
责任校对：宋　玮　　　　　　　　　　　装帧设计：关　飞

出版发行：化学工业出版社（北京市东城区青年湖南街13号　邮政编码100011）
印　　刷：北京云浩印刷有限责任公司
装　　订：三河市振勇印装有限公司
710mm×1000mm　1/16　印张12½　字数244千字　2024年11月北京第1版第6次印刷

购书咨询：010-64518888　　　　　　售后服务：010-64518899
网　　址：http://www.cip.com.cn
凡购买本书，如有缺损质量问题，本社销售中心负责调换。

定　　价：58.00元　　　　　　　　　　　　　　　　版权所有　违者必究

前　言

目前，智能变频洗衣机已全面进入寻常百姓家，商用洗衣机已遍及洗衣服务行业。洗衣机量多面广，其维修、保养的工作量非常大，需要更多的维修和保养人员掌握熟练的维修保养技术。为此，我们组织编写了本书，以满足广大洗衣机维保人员的需要。希望该书的出版，能够为广大的洗衣机维修保养技术人员、洗衣机企业的内培人员和售后维保人员提供帮助。

全书采用彩色图解和实物操作演练视频的形式（书中插入了关键安装维修操作的小视频，扫描书中二维码直接在手机上观看），希望给读者提供一个全新的学习体验，使读者通过学习本书能快速掌握新型洗衣机维修和保养的知识和技能。

在内容的安排上，本书以新型洗衣机的结构组成和工作原理为重点，以维修技能为核心进行介绍，内容全面系统，注重维修演练，重点突出，形式新颖，图文并茂，配合视频讲解，使读者的学习体验更好，方便学后进行实修和保养操作。

本书所测数据，如未作特殊说明，均为采用MF47型指针式万用表和DT9205A型数字万用表测得。为方便读者查询对照，本书所用符号遵循厂家实物标注（各厂家标注不完全一样），不作国标统一。

本书由张新德等编著，刘淑华同志参加了部分内容的编写和文字录入工作，同时张利平、张云坤、张泽宁等在资料收集、实物拍摄、图片处理上提供了支持。

由于水平有限，书中疏漏之处在所难免，恳请广大读者批评指正。

编著者

目 录

第一章 洗衣机的结构原理 / 001

附录一　维修参考资料　/ 150

第一章

洗衣机的结构原理

第一节　洗衣机的功能

　　洗衣机是利用电能产生机械作用来洗涤衣物的清洁电器。它是家用电器中最有效解放劳动力的一种家用电器，洗衣机大大节约了洗衣的时间，提高了洗衣的效率。从最开始的单洗涤洗衣机（只有洗涤功能，如图 1-1 所示，现在常用的儿童迷你洗衣机大多是单洗涤洗衣机），到后来的双桶半自动洗衣机（洗涤与脱水分别在两个桶内，如图 1-2 所示）和单桶全自动洗衣机（洗涤与脱水在同一个桶内，如图 1-3 所示），再到电脑式全自动洗衣机（集洗涤、脱水、烘干于一体的，由电脑板自动控制，如图 1-4 所示），目前市面上最新型的智能全自动变频洗衣机集洗涤、脱水、烘干、消毒、一键自动洗、智能物联、远程控制等功能于一体，如图 1-5 所示。

图 1-1　单洗涤洗衣机

图 1-2　双桶半自动洗衣机

图 1-3　单桶全自动洗衣机

图 1-4　电脑式全自动洗衣机

图 1-5　智能全自动变频洗衣机

第二节　洗衣机的型号

　　洗衣机的型号中不同的字符代表不同的含义，且字符所代表的含义不同的厂家也不完全统一。其一般为代表含义或功能的词语第一个字拼音的首字母大写形式。例如双桶洗衣机 XPB80-2008S 型，其型号含义如图 1-6 所示。X 为"洗衣机"第一个字拼音的首字母大写形式，P 为"普通型"第一个字拼音的首字母大写形式，B 为"波轮式"第一个字拼音的首字母大写形式，S 为"双桶"第一个字拼音的首字母大写形式。

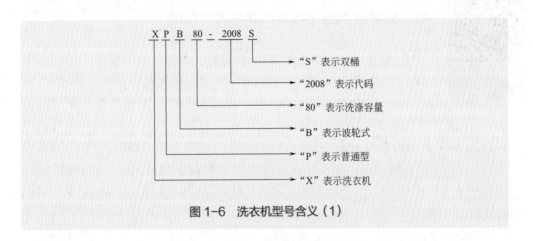

图1-6 洗衣机型号含义（1）

又如，全自动洗衣机 XQB80-832S 型，其型号中的字母所代表的含义如图 1-7 所示。

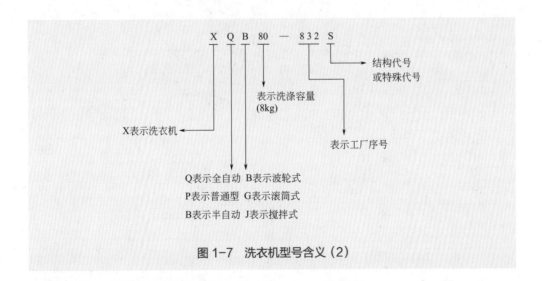

图1-7 洗衣机型号含义（2）

 提示：

不同品牌的洗衣机，其型号中前五个字符的含义基本上是统一的，后面的字符因不同品牌，其含义不完全统一。

第三节　洗衣机的结构组成

波轮洗衣机的
结构组成

一、波轮式洗衣机的结构组成

双桶波轮式洗衣机主要由电源线、进出水部件(注水口、注水选择、水流转换、快速注水口、排水管、排水管挂孔等组成)、水位组件(水位调节杆、阀盖)、过滤组件(溢水过滤器、线屑过滤器)、洗涤桶、脱水桶(半自动洗衣机的洗衣桶与脱水桶是分开的,全自动洗衣机脱水桶套在洗衣桶内)、波轮、电动机(洗涤电动机、脱水电动机,全自动波轮式洗衣机的洗涤电动机与脱水电动机一般合二为一了)、传动部件、箱体、箱盖(洗涤桶盖、脱水桶外盖、脱水桶内盖、脱水桶框)及控制面板(洗涤定时器、脱水定时器)、底台等部件组成。如图1-8所示为双桶波轮式洗衣机的结构组成。

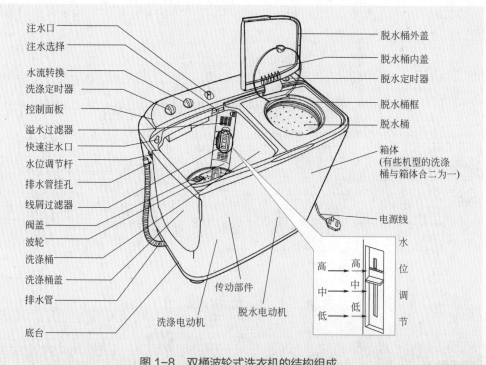

图1-8　双桶波轮式洗衣机的结构组成

单桶波轮式洗衣机主要由电源线、进出水部件(进水阀、排水管等组成)、过滤网盒、外桶、内桶(半自动洗衣机的洗衣桶与脱水桶是分开的,全自动洗衣机脱水内桶套在洗衣外桶之内）、波轮、电动机（全自动波轮式洗衣机的洗涤电动机与脱水电动机合二为一）、传动部件、箱体、箱盖［门盖（图 1-9 所示门盖弹簧控制门盖开闭）、预约用洗衣粉盒、膨松剂注入口、抬手等］及控制面板（又称电脑操作板，包括水位设定、程序选择、洗脱时间等控制选项）、底台等部件组成。图 1-10 所示为单桶波轮式洗衣机的结构组成。

图 1-9 门盖弹簧

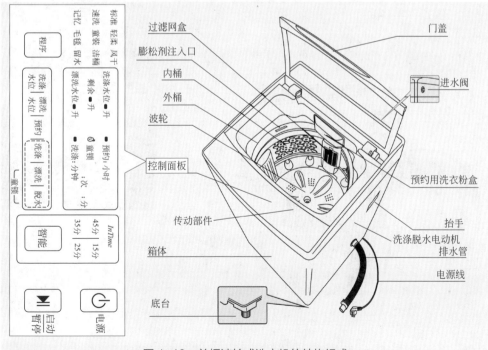

图 1-10 单桶波轮式洗衣机的结构组成

二、滚筒式洗衣机的结构组成

滚筒洗衣机的结构组成

滚筒式洗衣机大多是侧开式，侧开式滚筒式洗衣机主要由电源线、进出水部件（进水阀、排水管等组成）、洗涤剂投入盒、滚筒（洗涤、脱水）、电动机（全自动滚筒式洗衣机的洗涤电动机与脱水电动机合二为一）、传动部件、箱体、机门、机门按钮及控制面板（又称电脑操作板，包括水温设定、程序选择、洗脱时间、洗涤类别等控制选项）、底台等部件组成。图 1-11 所示为侧开门滚筒式洗衣机的结构组成。

滚筒式洗衣机也有顶开式的，顶开式滚筒式洗衣机主要由电源线、进出水部件（进水阀、排水管等组成）、过滤网盒、外桶、内桶（半自动洗衣机的洗衣桶与脱水桶是分开的，全自动洗衣机脱水内桶套在洗衣外桶之内）、波轮、电动机（全自动波轮洗衣机的洗涤电动机与脱水电动机合二为一）、传动部件、箱体、箱盖（门盖、预约用洗衣粉盒、膨松剂注入口、抬手等）及控制面板（又称电脑控制板，包括水位设定、程序选择、洗脱时间等控制选项）、底台等部件组成。如图 1-12 所示为顶开式滚筒式洗衣机的结构组成。

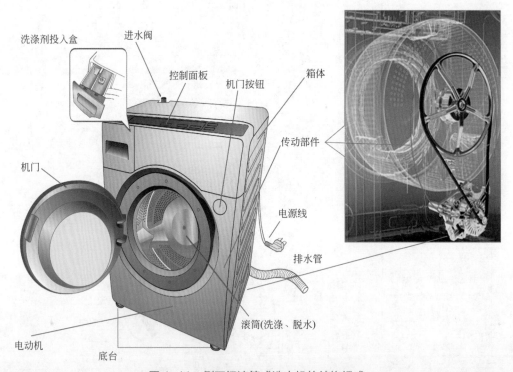

图 1-11　侧开门滚筒式洗衣机的结构组成

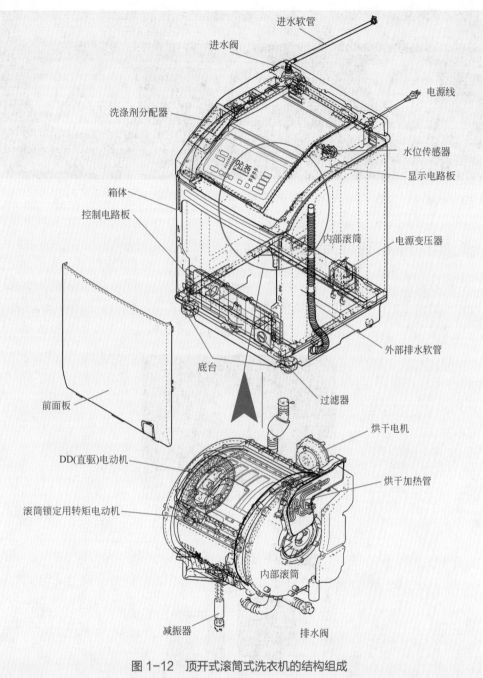

图 1-12 顶开式滚筒式洗衣机的结构组成

提示：

　　滚筒式洗衣机的电动机驱动方式经过不断改良，经过了普通皮带方式、变频皮带方式，目前流行采用 DD 变频直驱方式。如图 1-13 所示。

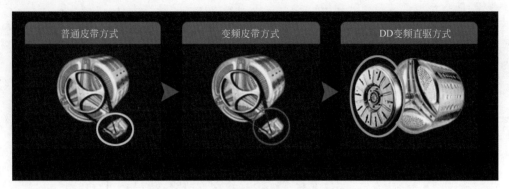

图 1-13 滚筒洗衣机的电动机驱动方式

三、搅拌式洗衣机的结构组成

搅拌式洗衣机是介于波轮式洗衣机和滚筒式洗衣机之间的一种洗衣机，兼具波轮式和滚筒式的优点。它在洗衣机内筒的中央增加了一个搅拌棒（如图 1-14 所示）和几片搅拌翼，能将衣服来回进行揉搓。搅拌式洗衣机的结构组成如图 1-15 所示。

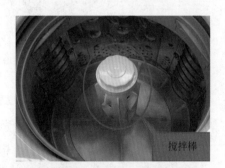

图 1-14 搅拌式洗衣机的搅拌棒

图 1-15 搅拌式洗衣机的结构组成

第四节 洗衣机的电气组成

一、波轮洗衣机的电气组成

半自动波轮洗衣机通常由保险丝、洗涤定时器、脱水定时器、微动开关、洗涤电动机、脱水电动机等组成，如图1-16所示。全自动波轮洗衣机通常由保险丝、进水阀、排水牵引器、电脑程控器（有的洗衣机由机械程控器组成）、门盖开关（如图1-17所示）、水位传感器、停止开关、洗/脱电动机、显示屏或显示指示灯等组成。图1-18所示为波轮洗衣机的电气组成接线图。

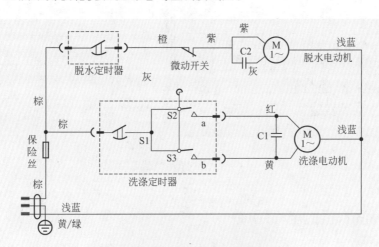

图1-16 半自动波轮洗衣机电气组成

图1-17 门盖开关

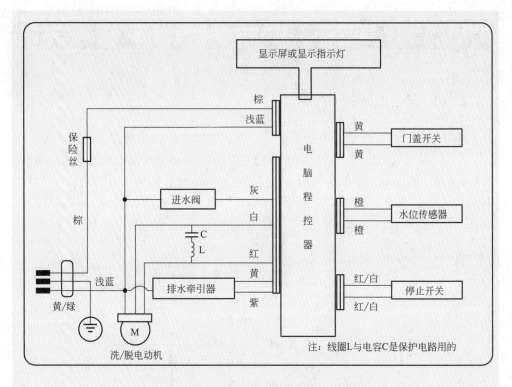

图 1-18   波轮洗衣机电气组成接线图

二、滚筒洗衣机的电气组成

滚筒洗衣机通常由干扰抑制器、门锁、WIFI 板（智能网络洗衣机带有此板）、加热管（洗涤加热管、烘干加热管）、洗衣机电脑板（或驱动板）、显示板（或显示指示灯）、传感器（含水位传感器、水温传感器、空气洗温度传感器、称重传感器、浊度传感器、烘干温度传感器等）、洗/脱电动机、超温保护温控器等组成。其中，核心部件为电脑板、显示板和洗/脱电动机。滚筒洗衣机的电气组成如图 1-19 所示。

三、搅拌洗衣机的电气组成

搅拌洗衣机的电气组成与波轮洗衣机的电气组成类似，也是由电源电路、进水阀、排水牵引器、电脑程控器（有的洗衣机由机械程控器或定时器组成）、门盖开关、水位传感器（又称水位开关）、停机开关、显示屏或显示指示灯等组成。搅拌洗衣机的电气组成如图 1-20 所示。

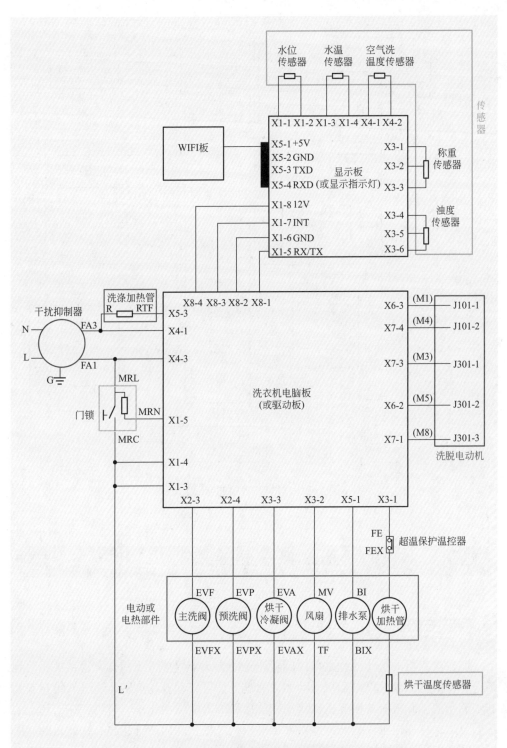

图 1-19　滚筒洗衣机的电气组成

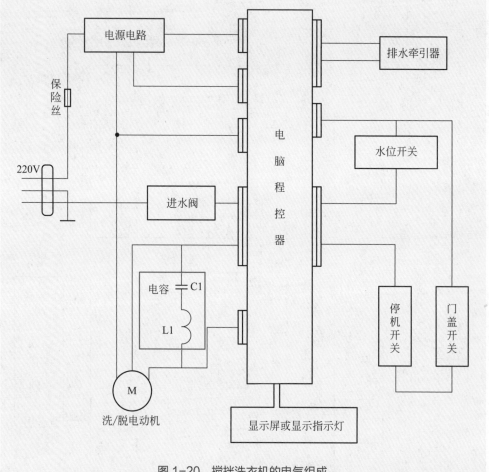

图 1-20 搅拌洗衣机的电气组成

第五节 洗衣机工作原理

一、波轮式洗衣机工作原理

波轮洗衣机的工作原理是采用旋转波轮的方式来模拟人工搓揉衣物，从而达到洁净衣物的目的。它以电动机为动力，通过电动机带动波轮旋转，通过波轮对衣物和水的摩擦、翻滚、冲刷等机械作用和洗涤液的表面活化作用，将附着在衣物上的污垢分离，再通过水流冲洗将污垢冲出洗衣机之外，从而达到洗净衣物的目的。所以波轮洗衣机的核心部件就是波轮，如图 1-21 所示。

中心固定螺孔

图 1-21 波轮洗衣机的波轮实物

双桶波轮洗衣机工作原理简单，洗涤桶与脱水桶分别由不同的电动机进行驱动，电气工作原理也比较简单，如图 1-22 所示，洗涤电动机 M1 与脱水电动机 M2 分别由洗涤程控器 T2 与脱水定时器 T1 进行控制，洗涤程控器 T2 控制洗涤的方式和时间，脱水定时器 T1 控制脱水的时间。不管是程控器还是定时器，时间一到则自动停机，完成一个洗涤或脱水的周期。图 1-22 中，K1 为脱水桶开关，当打开脱水桶盖时，K1 断开，脱水电动机 M2 停止转动；K2 为排水联动开关，打开排水开关，K2 被断开，洗涤桶开始排水，T2 洗涤程控器失电，洗涤电动机停止转动；C1 为洗涤电动机 M1 的启动电容，C2 为脱水电动机 M2 的启动电容。

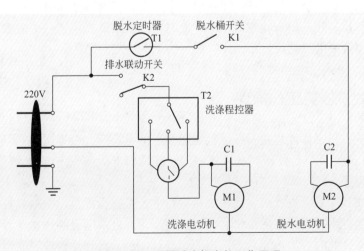

图 1-22 双桶洗衣机电气工作原理

波轮洗衣机中最常用的是单桶全自动洗衣机，就是脱水桶在洗涤桶内部的波轮洗衣机。洗涤和脱水均在同一个外桶内，洗涤时，洗涤桶与脱水桶下部的波轮旋转，对衣物进行清洗。脱水时，波轮与脱水桶（四周带沥水孔）一起旋转，利用水的离心作用，将衣物上的水分甩出脱水桶，从外桶漏出，达到脱水的目的。其电气工作原理如图 1-23 所示，用户通过电脑程控器发出指令（图中 1 ~ 11 按键），洗衣机接收到指令后，电脑板进行相应的程序选择，并发出指令到电子开关、电磁阀和继电器等执行器件，使相应的被控器件得电后执行相应的动作。

具体工作过程为：按程控器上的电源开关，按启动键，启动洗衣机，若没有按下其他程序键，洗衣机则按默认的标准洗衣程序进行工作；若按下了其他程序键，洗衣机则按照所按下的程序进行工作。

用户发出指令后，电脑程控器先进行洗衣机自检，若自检不正常，则发出故障代码到面板显示窗；若显示正常，则输出驱动电压到进水电磁阀，电磁阀打开，自来水进到洗衣桶内，当洗衣桶内的水位达到事先设定的水位时，水位传感器发出信号到电脑板，电脑板中断进水电磁阀的输入电压，进水电磁阀关闭，洗衣机停止进水。

洗衣机停止进水之后，电脑程控器输出驱动电压到电动机继电器，洗涤电动机得电后开始带动波轮旋转。由于洗衣机波轮要不断地正反向旋转，电脑板也会相应地控制继电器输出正反向驱动电压给洗涤电动机。同时，洗衣机在洗涤过程中，电脑板会按照洗衣程序同时控制电动机的旋转和进排水电磁阀的工作，以达到边洗边漂洁净衣物的目的。

洗涤程序结束后，洗衣机进入脱水程序，电脑板输出驱动电压给牵引器，牵引器拉动排水阀排水，将洗衣机内部的水排干净。同时洗衣机输出驱动电压给电动机，电动机带动洗涤桶内的脱水桶旋转。脱水时采用压电传感器，当脱水桶高度旋转时，从脱水桶喷射出来的水作用于压电传感器上，根据这个压力变化，洗衣机就会自动停止脱水运转，将衣物水脱干净。此时，洗衣机就完成了一个洗衣周期，电脑程控板输出音频电流到蜂鸣器，蜂鸣器发出工作完成的提示音。

二、滚筒式洗衣机工作原理

滚筒式洗衣机工作原理是：按下控制面板上的电源键，根据所洗衣服的材料选择洗衣程序，按运行 / 暂停键，洗衣机的滚筒开始筒自洁运行，自洁运行之后，开始进入洗衣程序。

进入洗衣程序后，洗衣机对筒内衣服进行称量，根据称量，电脑板控制进水电磁阀进水，当进水达到一定的水位后，电磁阀停止，进水电磁阀止水。若设定了一定的水温洗涤，此时，加热器对滚筒内的水进行加热，直到达到设定的水温，滚筒才开始旋转，自动洗涤衣物。

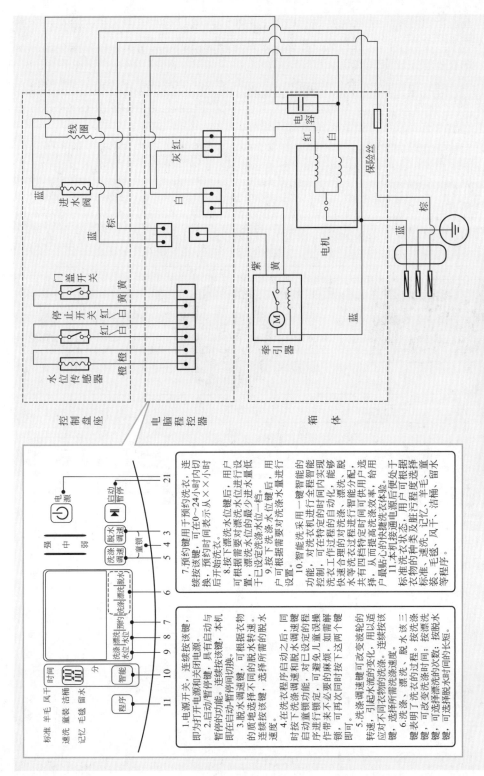

图1-23　单桶全自动波轮洗衣机的电气工作原理

1. 电源开关：连续按该键，即可为打开电源和关闭电源。

2. 启动/暂停键：具有启动、暂停的功能。连续按该键，即可在启动-暂停间切换。

3. 脱水调速键：脱水时选择不同的脱水转速，连续按该键，选择所需的脱水速度。

4. 在洗衣程序启动之后，时按下洗涤调速和脱水调速键进行童锁设定，对已设定的程序进行锁定，可避免儿童误操作，未再次必要时按下这两个键，即可。

5. 洗涤调速键可改变波轮的转速，引起水流的变化，用以适应对不同衣物的洗涤。连续按该键，选择所需洗涤速度。

6. 洗涤、漂洗、脱水该三键表明了洗衣的过程：按洗涤键，可改变波洗衣时间；按漂洗键，可选择漂洗的次数；按脱水键，可选择脱水时间的长短。

7. 预约键用于预约洗衣，连续按该键，预约时间可在0~24小时内切换，预约时间用表示从××小时后开始洗衣。

8. 按下漂洗水位洗漂后，用户可根据需要对洗漂水位进行设置，漂洗水位的最少设置水位于已设定洗涤水位一档。

9. 按下洗涤水位键后，用户可根据对洗涤水量进行设置。

10. 智能洗采用一键全程智能功能，可在特定的对已程的自动化、漂洗、脱水等洗衣过程时同可供用户选择，从而提高普通洗衣体验。

11. 本机设有标准、记忆、羊毛、洁桶、留水等程序。标准洗衣状态：用户可根据衣物的种类及脏污程度选择标准、速度、记忆、羊毛、洁桶、留水等程序。

21. 电源　启动/暂停

强　中　弱

脱水调速　童锁　洗涤调速

时间　分

洗涤　漂洗　脱水　预约　洗涤水位

智能　程序

标准　羊毛　风干　速度　童装　洁桶　记忆　毛毯　留水

在洗涤过程中，洗衣机要不断地放出污水，再通过进水电磁阀加入自来水，并对衣物进行多次漂洗，直到桶内浊度传感器检测值达到设定清洁值时，表示洗涤完成，洗衣程序完成将进入脱水程序。

脱水时，电脑板控制排水泵排水（上排水洗衣机）或排水阀放水（下排水洗衣机），排完桶内的水后，滚筒洗衣机的内筒开始高速旋转，将衣物的水分通过离心作用甩出内筒，水从外筒的下水管排出机外。

有些带烘干功能的洗衣机在脱水程序之后，还要进入烘干程序，烘干加热器加热，衣物加热后产生蒸气，蒸气遇到洗衣机内筒（洗衣机的内筒会定时加冷凝水冷却或自身带有冷凝器）后变冷凝水流入外筒排出，内筒内的衣物因水分不断减少而被烘干。

洗衣程序完成后，电脑板输出音频信号到蜂鸣器，蜂鸣器发出提示音，提示用户洗衣程序已结束。滚筒洗衣机的电气工作原理如图1-24所示。

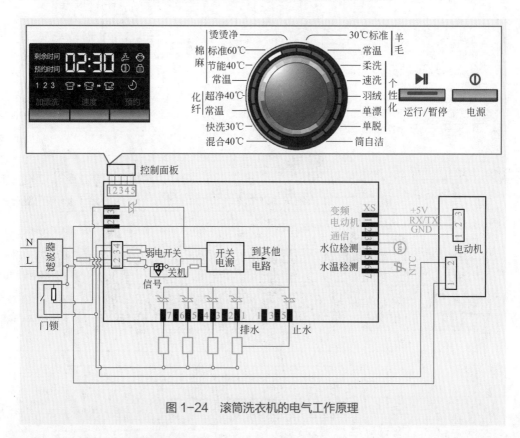

图1-24　滚筒洗衣机的电气工作原理

三、搅拌式洗衣机工作原理

搅拌式洗衣机工作原理是：打开程控器上的电源开关，按暂停/开始键，启动洗衣机，若没有按下其他程序键，洗衣机则按默认的标准洗衣程序进行工作；若按下了其他程序键，洗衣机则按照所按下的程序进行工作。

　　用户发出指令后，电脑程控器先进行洗衣机自检，若自检不正常，则发出故障代码到面板显示窗；若显示正常，则输出驱动电压到进水电磁阀，电磁阀打开，自来水进到洗衣桶内，当洗衣桶内的水位达到事先设定的水位时，水位传感器发出信号到电脑板，电脑板中断进水电磁阀的输入电源，进水电磁阀关闭，洗衣机停止进水。

　　洗衣机停止进水之后，电脑程控器输出驱动电压到电动机继电器，洗涤电动机得电后开始带动波轮旋转。由于洗衣机搅拌棒要不断地正反向旋转，电脑板也会相应地控制继电器输出正反向驱动电压给洗涤电动机。同时，洗衣机在洗涤过程中，电脑板会按照洗衣程序同时控制电动机的旋转和进排水电磁阀的工作，以达到边洗边漂洁净衣物的目的。

　　洗涤程序结束后，洗衣机进入脱水程序，电脑板输出驱动电压给脱水牵引器，脱水牵引器拉动排水阀排水，将洗衣机内部的水排干净。同时洗衣机输出驱动电压给洗涤电动机，洗涤电动机带动洗涤桶内的脱水桶旋转。脱水时采用压电传感器，当脱水桶高度旋转时，从脱水桶喷射出来的水作用于压电传感器上，电脑板根据这个压力变化，控制洗衣机是否停止脱水运转，直到将衣物水脱干净为止。此时，洗衣机就完成了一个洗衣周期，电脑程控板输出音频电流到蜂鸣器，蜂鸣器发出工作完成的提示音。搅拌式洗衣机的电气工作原理如图 1-25 所示。

四、洗衣机单元电路工作原理

（一）开关电源电路工作原理

　　洗衣机开关电源电路如图 1-26 所示，其工作原理是：从 AC1、AC2 输入的交流 220V 电源，经 NR1 压敏电阻、COIL1 抗干扰电感、ZNR7 压敏电阻、CM2 滤波电容组成的抗干扰电路（为防止在使用洗衣机时通过电源网络对其他家用电器产生电磁干扰），输出无干扰的交流电源。该交流电源又分成二路，一路送到 BD1 整流桥，整流出 300V 直流电压，经 C27、C39 滤波后，经保险丝 F1 输出稳定的 300V 直流电压到后续电路；一路送到 D15 ～ D18 组成的整流电路整流，C36 和 R92 及 R93 组成的 RC 滤波电路滤波后，送到开关变压器 LVT1 的初级绕组，由电源模块 IC5（TOP246Y）控制 LVT1 初级绕组 300V 直流电压的通断状态，在 LVT1 的次级感应出三路可控的稳定交流电压，分别经 D28、D21、D22 三个高频二极管半波整流后，经 C55、C44、C45 三只大容量电容滤波后，分别输出直流 +24V、+15V、+10V 直流电压供后续电路使用。其中 +10V 直流电压直接送到三端稳压块 IC6（KA7805A），从 IC6 输出端输出 +5V 直流电压供主芯片 TMP88PS43F 使用。其中，LVT2 光电耦合器用来反馈输出电压与基准电压的误差，从而通过电源模块控制开关变压器的输出电压，达到稳定输出电压的目的。

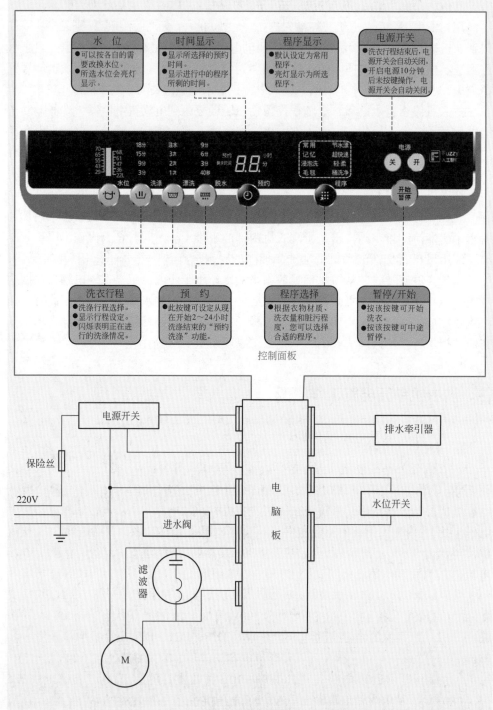

图 1-25　搅拌式洗衣机的电气工作原理

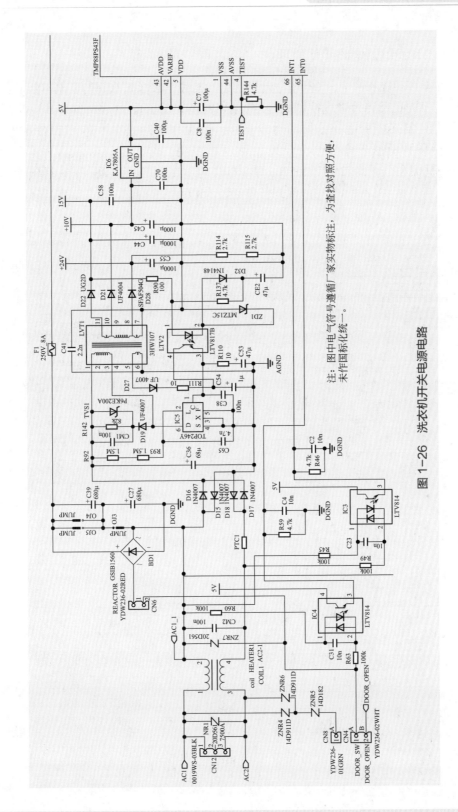

图1-26 洗衣机开关电源电路

（二）继电器电路工作原理

在全自动洗衣机中，洗 / 脱电动机的启动与停止、电磁水阀的供电与断电、洗涤电动机的正反转等强电控制均是通过继电器来控制的。洗衣机继电器电路是一种弱电控制强电的电路，如图 1-27 所示。其工作原理是：主芯片 TMP88PS43F 的㊺～㊶脚根据程序控制分别发出驱动指令到二个七路达林顿集成电路 IC1（KID65003AP）和 IC2（KID65003AP），IC1 和 IC2 由 15V 电源供电，得到驱动电平后，从其输出端输出驱动电流到各继电器（RY1 ～ RY12），控制继电器强电端的接通与断开。

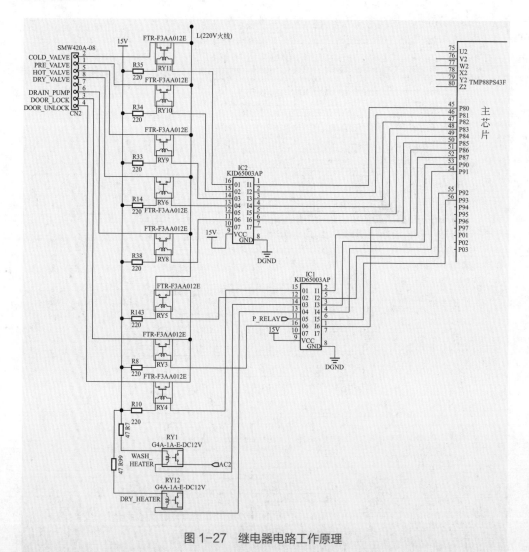

图 1-27　继电器电路工作原理

（三）复位电路工作原理

复位电路的工作原理是：洗衣机的复位电路实质上是上电复位过程，它是在机器加电时，复位电路通过 +5V 电源给电容 C15、C17 充电，从而给芯片 TMP88PS43F 的 RESET 端一个短暂的高电平信号，此高电平信号随着 +5V 电源对电容的充电过程而逐渐回落，使芯片 RESET 端的高电平（是高电平的称为高电平复位，是低电平的称为低电平复位）持续一段时间，于是芯片自动复位。持续时间的长短取决于 R119、C17、C15 组成阻容电路的充放电时间。复位电路工作原理如图 1-28 所示。图中 TR17 为上电控制三极管，当 SUB_RESET 送来复位电平时（洗衣机工作过程中需要复位时），TR17 导通，5V 电源通过 TR17 加到复位阻容电路，其工作原理与上电复位是一样的。

（四）晶振电路工作原理

晶振电路工作原理如图 1-29 所示，它是由晶振 X1 组成，晶振电路的作用是为主芯片提供系统时钟。

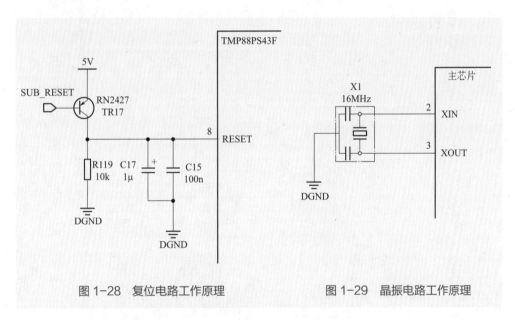

图 1-28　复位电路工作原理　　　　　图 1-29　晶振电路工作原理

（五）洗 / 脱电动机驱动电路工作原理

洗 / 脱电动机驱动电路如图 1-30 所示，其工作原理是：主芯片 U1、V1、W1 和 X1、Y1、Z1 分别输出电动机正反转的驱动信号，三组信号分别送到变频模块 IPM1（STK621-140B）的 ⑮ ～ ⑳ 脚，经 IPM1 处理后，从其 ②、⑤、⑧ 脚分别输出 U、V、W 三相洗 / 脱电动机驱动电流。

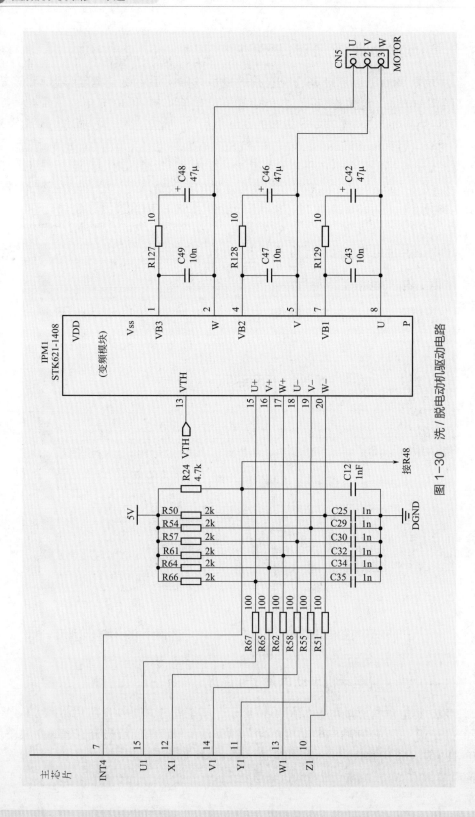

图1-30 洗/脱电动机驱动电路

（六）存储器电路工作原理

存储器是用来存储主芯片的数据，存储器电路外接在主芯片上，如图 1-31 所示。存储芯片 IC3（24LC04B）的 ⑤、⑥ 脚连接主芯片的数据引脚，⑧ 脚 VCC 接 +5V 工作电源。存储器可存储主芯片发送来的数据，也可由主芯片调用存储器保存的数据。

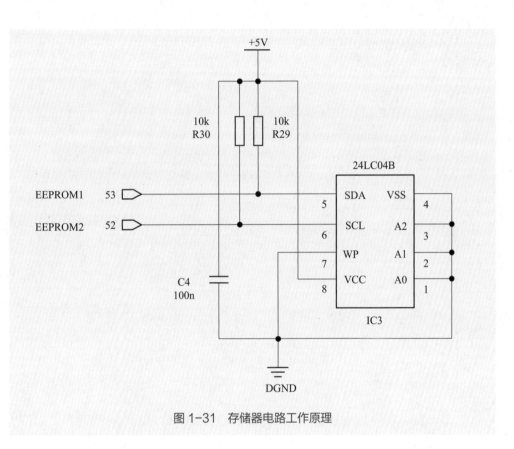

图 1-31　存储器电路工作原理

（七）门锁电路工作原理

洗衣机的门锁必须借助门锁机构的电磁结构进行锁止，而电磁结构是用电来控制的，当门锁销插入门锁机构时，门锁得电，门锁内的 PTC 加热元件开始加热，将主电路接通，同时将弹出"门锁舌"将洗衣机门锁死，以防洗衣机在运行时门被打开引起危险。其光电耦合芯片 LTV1 的③、④脚导通，主芯片 ⑨ 脚为低电平，说明门锁已关闭，主芯片发出指令，告知洗衣机门已关闭，显示屏会显示相应的信息。

当断开电源时，PTC 加热元件开始降温，直至由原先高阻状态恢复到低阻状态（此过程一般需要 1.5～2min），此时，"门锁舌"弹回，门就可以被打开了。相关电路如图 1-32 所示。

也有不采用 PTC 加热而直接采用电磁阀进行行程控制的门锁开关。它是给电磁线圈加电，电磁线圈得电后，线圈内部的铁芯因磁场运动产生行程，铁芯直接控制锁舌的运行行程，从而达到控制门锁开闭的目的。

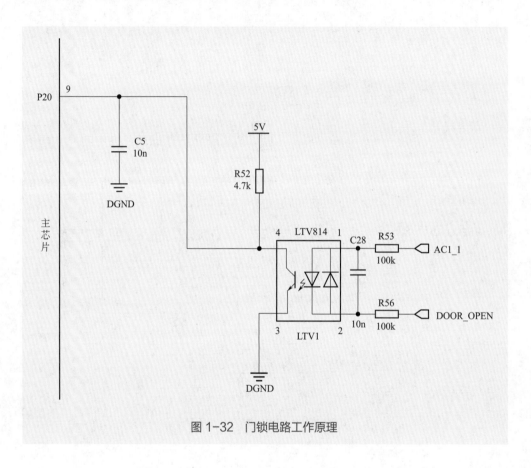

图 1-32　门锁电路工作原理

（八）显示电路工作原理

显示电路工作原理如图 1-33 所示，它是由主芯片、按键电路、显示芯片（IC2）、双极型线性驱动芯片（IC1）、LED 显示矩阵等组成。当用户按下某个按键时，主芯片的 KEY 引脚收到电平变化的信号，主芯片分别送出键扫信号和 LED 驱动信号到显示芯片 IC1 和 IC2，IC1 和 IC2 分别输出 LED 信号到 LED 矩阵，驱动LED 发光，或显示相应的字符。

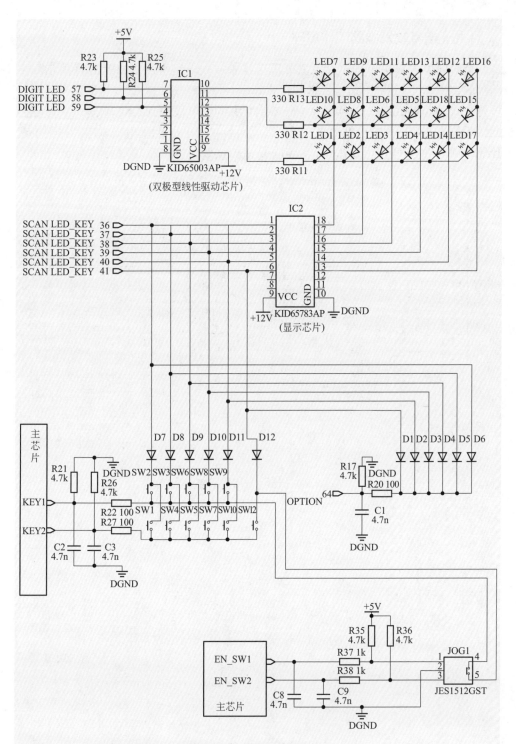

图 1-33 显示电路工作原理

（九）信号收发电路工作原理

信号收发电路是由主芯片及其外围三极管放大电路组成，如图 1-34 所示。主芯片的㉓、㉒脚分别为信号发送和接收端子，㉓脚发送信号，发送的信号送到三极管 TR14 和 TR16 进行二级放大后，从 TR16 的集电极送到 CN3 输出；来自 CN3 的接收信号，送到 TR15 和 TR3，经二级放大后，从 TR3 的集电极输出，送到主芯片的㉒脚。信号收发电路需要 10V 和 5V 电源供电。

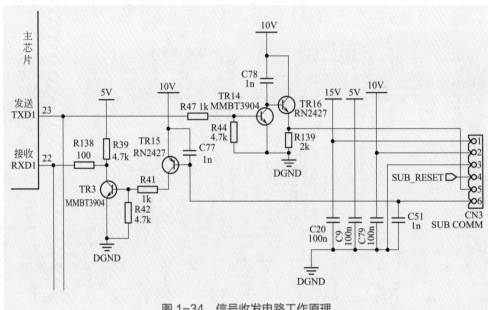

图 1-34　信号收发电路工作原理

第二章
洗衣机拆机与元器件

第一节　波轮洗衣机的拆机

一、半自动波轮洗衣机的拆机

　　半自动波轮洗衣机的拆机方法较为简单，维修时通常需要拆开后背板（如图 2-1 所示）、拆装控制盘〔如图 2-2 所示，拆出控制盘之前，有的洗衣机要先撬出控制板上的控制旋钮（如图 2-3 所示）〕、拆装脱水桶框（如图 2-4 所示）、拆装脱水桶（如图 2-5 所示）、拆装溢水过滤器（如图 2-6 所示）、拆装线屑过滤器（如图 2-7 所示）、排水管换向（如图 2-8 所示）、拆波轮（如图 2-9 所示）、拆装减速器组件（如

拆开洗衣机后背板

图 2-1　拆开后背板

图 2-10 所示，减速器的轴有 10 齿、11 齿和方轴之分，如图 2-11 所示，维修时要注意分清楚，否则会出现装不上去的情况）、拆装洗涤电动机组件（如图 2-12 所示）、拆脱水电动机组件（如图 2-13 所示）等。

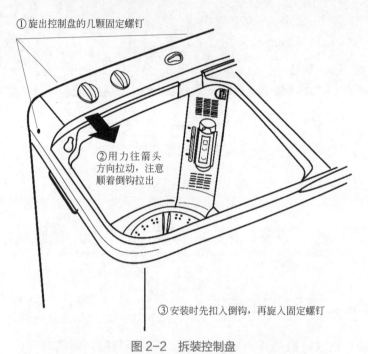

①旋出控制盘的几颗固定螺钉

②用力往箭头方向拉动，注意顺着倒钩拉出

③安装时先扣入倒钩，再旋入固定螺钉

图 2-2 拆装控制盘

图 2-3 撬出控制盘上的控制旋钮

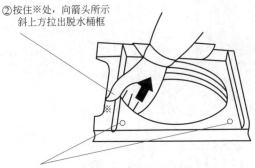

②按住※处，向箭头所示斜上方拉出脱水桶框

①取下脱水桶框固定螺钉的防水小塞，旋出其内部的固定螺钉

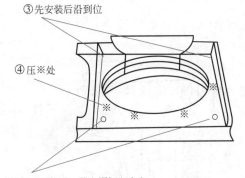

③先安装后沿到位

④压※处

⑤脱水桶框压到位后，装上螺钉和小塞

图2-4 拆装脱水桶框

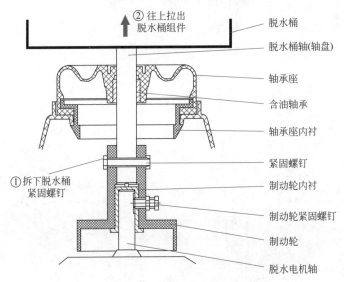

② 往上拉出脱水桶组件

脱水桶

脱水桶轴(轴盘)

轴承座

含油轴承

轴承座内衬

紧固螺钉

制动轮内衬

①拆下脱水桶紧固螺钉

制动轮紧固螺钉

制动轮

脱水电机轴

③ 安装则相反，注意制动轮内衬的凸起应嵌入脱水桶轴的凹槽内

图2-5 拆装脱水桶

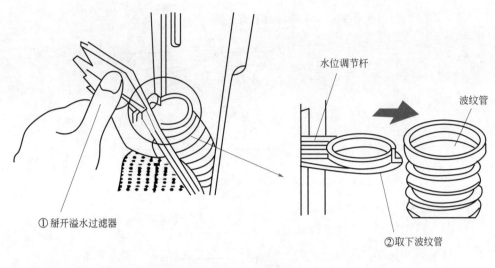

①掰开溢水过滤器

水位调节杆

波纹管

②取下波纹管

③将溢水过滤器的底部固定板插入阀盖，再按入其上部

图 2-6　拆装溢水过滤器

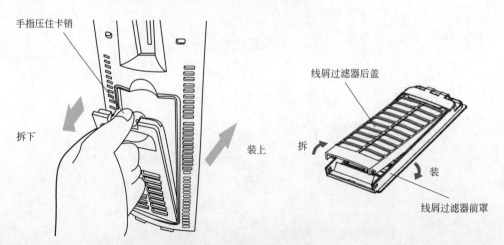

手指压住卡销

拆下

装上

线屑过滤器后盖

拆

装

线屑过滤器前罩

图 2-7　拆装线屑过滤器

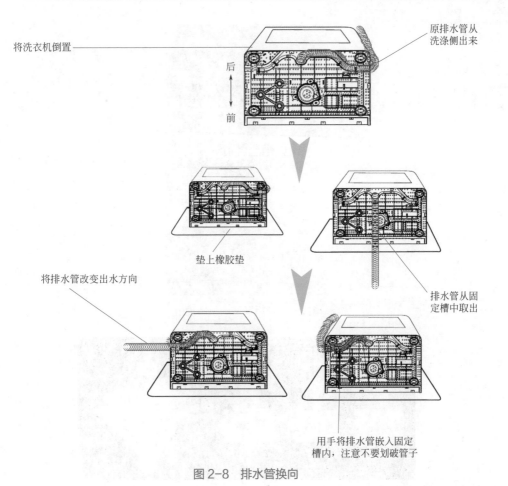

将洗衣机倒置

原排水管从洗涤侧出来

后

前

垫上橡胶垫

将排水管改变出水方向

排水管从固定槽中取出

用手将排水管嵌入固定槽内,注意不要划破管子

图2-8 排水管换向

① 用一字螺丝刀撬开波轮固定螺钉密封盖

② 拿出密封盖

③ 用十字螺丝刀旋出波轮固定螺钉

拿出波轮

图2-9 拆双桶洗衣机波轮

图 2-10　拆装洗衣机减速器

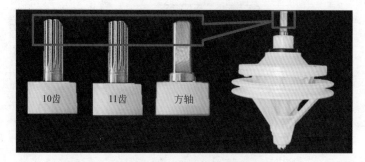

| 10齿 | 11齿 | 方轴 | |

图 2-11　减速器的轴齿

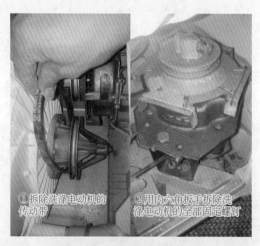

①拆除洗涤电动机的传动带　②用内六角扳手拆除洗涤电动机的全部固定螺钉

图 2-12　拆洗涤电动机组件

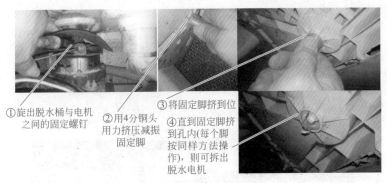

①旋出脱水桶与电机之间的固定螺钉　②用4分铜头用力挤压减振固定脚　③将固定脚挤到位　④直到固定脚挤到孔内(每个脚按同样方法操作)，则可拆出脱水电机

图2-13　拆脱水电动机

　　波轮洗衣机脱水电动机驱动轮上有个刹车盘（制动），如图2-14所示。刹车盘上有刹车片，用刹车片来制动脱水电动机，拆脱水电动机时，先要拆除刹车盘，才能拆下脱水电动机。

图2-14　刹车盘

二、全自动波轮洗衣机的拆机

　　全自动波轮洗衣机的拆机有些与半自动波轮洗衣机类似，如拆各种过滤器、排水管换向、拆后盖板、拆波轮等，此处不再赘述。以下介绍不同之处的拆机方法：拆洗衣机进水阀盖（如图2-15所示）、拆电脑板（如图2-16所示）、拆洗涤桶上盖

（如图 2-17 所示）。

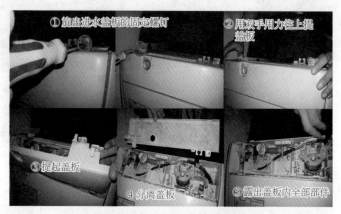

图 2-15　拆洗衣机进水阀盖

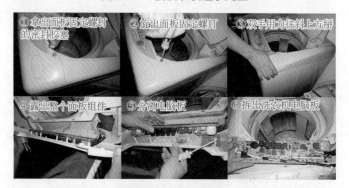

图 2-16　拆电脑板

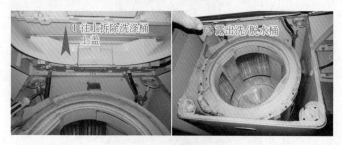

图 2-17　拆洗涤桶上盖

第二节　滚筒洗衣机的拆机

　　全自动洗衣机的拆装较为复杂，以下介绍全自动洗衣机关键部位的拆装方法。拆洗衣机上盖（如图 2-18 所示）、拆洗衣机电脑板（如图 2-19 所示）、拆密封圈和前盖（如图 2-20 所示）、拆下排水泵和洗／脱电动机（如图 2-21 所示）、拆洗衣机传动轮（如图 2-22 所示）、拆洗衣机外桶（如图 2-23 所示）、拆洗衣机内桶转动轴承和水封（如图 2-24 所示）。

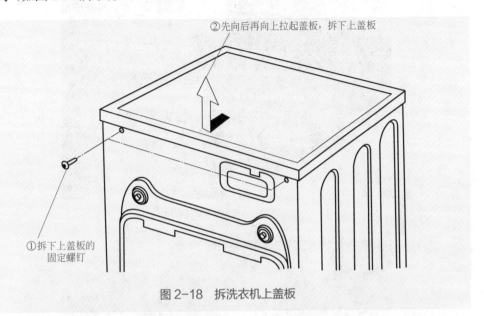

②先向后再向上拉起盖板，拆下上盖板

①拆下上盖板的固定螺钉

图 2-18　拆洗衣机上盖板

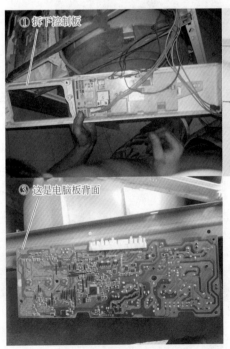

①拆下控制板

②从控制板里拆下电脑板，这是电脑板正面

③这是电脑板背面

图 2-19　拆洗衣机电脑板

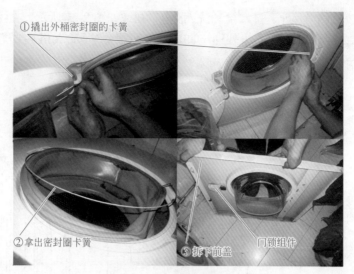

图 2-20　拆密封圈和前盖

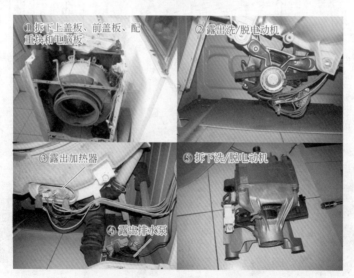

图 2-21　拆下排水泵和洗/脱电动机

图 2-22　拆传动轮

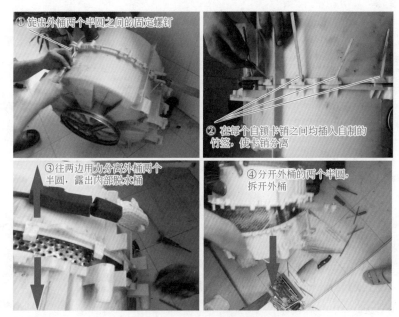

图 2-23 拆洗衣机外桶

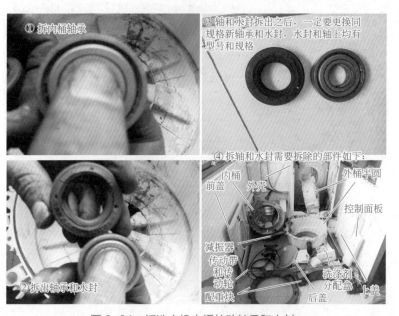

图 2-24 拆洗衣机内桶转动轴承和水封

拆卸变频板

拆卸主板

　　带烘干功能的滚筒洗衣机电脑主板有可能安装在洗衣机后下部，与洗衣机前部的显示操控板（该电路上面的元器件很少）是分离的，变频板也直接安装在洗衣机电动机附近。那是因为带烘干功能的洗衣机加热时温度较高，将主板和变频板安装在洗衣机的后下部，而且将电路板安装在专用的盒子内，可防止电路板受高温的影响。拆卸该类洗衣机的主板和变频板与前面介绍的拆卸方法大不相同，具体操作见视频演示。

第三节　专用元器件识别

一、浊度传感器

浊度传感器又称水质传感器，在全自动洗衣机中广泛应用。如图 2-25 所示为 TS-300B 浊度传感器的实物图。浊度传感器内部有一个红外线对管，当光线穿过一定量的水时，光线的透过量取决于该水的污浊程度，水越浊污，透过的光就越少，利用这一原理制成了浊度传感器。浊度传感器将透过的光强度转换成对应的电流大小，透过的光多，电流就大，反之，电流就小（不同的浊度对应不同的电压值，如表 2-1 所示为参考设定值，不同的浊度传感器，其电压值不尽相同）。浊度传感器模块将电流信号再转换成电压信号，通过单片机进行 A/D 处理，将模拟信号变成数字信号，所以浊度传感器模块既可输出模拟信号，也可输出数字信号，传感器模块可获知当前水的污浊度所对应的数字信号，设定好浊度阈值后，当浊度达到阈值时，单片机发出信号，以便控制洗衣机的工作状态。

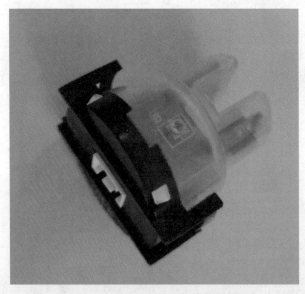

图 2-25　TS-300B 浊度传感器

表 2-1 不同的浊度对应不同的电压参考值

浊度等级 / 级	AO 输出电压参考值 /V
1	2.96 ～ 5
2	2.64 ～ 2.96
3	1.84 ～ 2.64
4	0 ～ 1.84

检测浊度传感器时，主要检测浊度传感器的绝缘电阻和电压。浊度传感器一般共三个引脚，即 VCC（供电电源）、GND（地）、AO（模拟信号输出脚），如图 2-26 所示。正常情况下，浊度传感器的绝缘电阻应达到 100MΩ，VCC 电压不低于 5V，AO 电压在 0 ～ 5V 之间，传感器模块的 DO（数字信号输出）电压只有高电平或低电平之分（大于设定阈值为低电平，小于设定阈值为高电平）。绝缘电阻值是一个重要的检测指标，一定要注意检测传感器引脚与外壳之间的绝缘电阻值应在 100MΩ 以上。

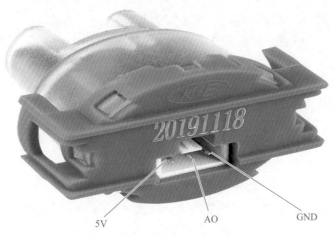

5V   AO   GND

图 2-26 浊度传感器引脚

二、水位传感器

水位传感器又称水位开关，不同洗衣机的水位传感器不尽相同，只要类别、规格、尺寸、接口一样的水位传感器即可通用，如图 2-27 所示为常见水位传感器实物图。

图 2-27　常见水位传感器实物图

　　水位传感器是利用水位回气管的压力进行传感的，它是利用压力推动或磁场和电信号转换原理制成的，分为触点式水位传感器和频率式水位传感器。触点式水位传感器，实质就是一个水位开关，用水位回气管的气压推动气囊，气囊上的连杆推动触点导通或断开；频率式水位传感器实质上是一个 LC 电路，它与洗衣机电脑板电路共同组成一个完整的 LC 振荡电路。水位传感器的回气管推动传感器内部的电感磁芯移动，从而改变电感量，进而改变 LC 振荡电路的振荡频率。电脑板的单片机能检测到水位传感器的频率变化，通过频率的大小来判断水位的高低。检测到水位信号后，电脑板的单片机进行水位信号处理，并执行相应的指令。

　　检测水位传感器的方法很简单，一种检测触点式水位传感器的方法就是直接向水位回气管里吹气，再用万用表检测水位传感器引脚的通断状态，若通断状态无变化，则说明水位传感器已损坏。还有一种检测频率式水位传感器的方法就是直接用万用表的通断挡检测传感器连接电感线圈的两个引脚的电阻大小（如图 2-28 所示，检测针脚靠近的两个引脚），若为无穷大，则说明水位传感器已损坏。

三、衣量检测传感器

　　洗衣机没有单独的衣量检测传感器，它是利用洗 / 脱电动机负载电流的大小来推断衣量的多少，或利用洗 / 脱电动机断电后惯性旋转而变成了发电机，产生感应电动势，利用感应电动势的大小来检测投入的大体衣服量及衣服的大概布质。因为电动机在旋转时，衣服与洗衣机的内筒产生摩擦，不同重量和布质的衣服与内筒之间的摩擦力是不一样的，从而影响电动机负载电流的大小或惯性转动的时长，也就是影响感应电动势产生的时长和大小，根据负载电流的大小或感应电动势的时长和大小就可大体计算出所投入的衣服的重量和布质。

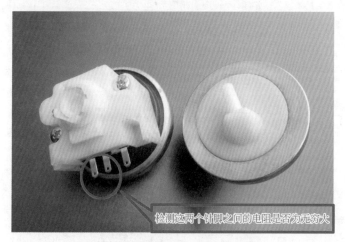

检测这两个针脚之间的电阻是否为无穷大

图 2-28 检测频率式水位传感器

四、平衡传感器

平衡传感器又称 3D 传感器、平衡检测器，如图 2-29 所示。其内部含有 3D 芯片，用来检测洗衣机脱水时的平衡状态，若不平衡，则洗衣机脱水电动机不会进入高速旋转状态，直到自动调整到平衡状态为止。

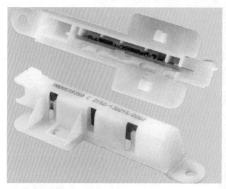

图 2-29 平衡传感器

检测洗衣机平衡传感器，当洗衣机脱水不平衡时，脱水不会进入高速状态，水脱不干，同时会发出故障代码，根据故障代码可判断平衡传感器是否存在故障。

五、门锁开关

不同的洗衣机,其门锁开关不尽相同。图 2-30 所示为一种门锁开关的实物图。三个引脚分别为电源 L、N 和公共端 C。洗衣机门锁开关串联在洗衣机的主电路中,对洗衣机内部的主要电器部件起开关控制和延时作用。当关上洗衣机门时,门上的钩子插入门锁开关的孔内,推动门锁开关内部的活动板移动,电源接通,同时钩子勾在洗衣机门锁外壳上,门被关紧,洗衣机开始工作;当洗衣机工作程序结束后,由于洗衣机门锁的 L、N 端一直加电,门锁内部的 PTC 一直发热,PTC 旁边的双金属片受热变形,带动塑料卡销卡在活动板的槽中,卡住活动板不能动,门锁无法打开,当程序结束,门锁内部的 PTC 断电后,卡销缩回原位,活动板能动了,这时手拉门锁,就能将门锁打开。因此门锁开关具有一定的延时时间,延时时间结束后,洗衣机才能打开。

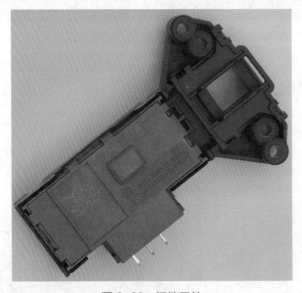

图 2-30 门锁开关

检测门锁开关

检测洗衣机的门锁开关,主要检测三个引脚之间的电阻值是否在正常的范围内,若不在正常的范围内,则说明门锁开关损坏。

六、电脑板

电脑板是洗衣机的主要控制器件,它是洗衣机的控制中心。如图 2-31 所示为常见的洗衣机电脑板实物图。不同洗衣机的电脑板不尽相同,同型号的洗衣机电脑板可以代换。

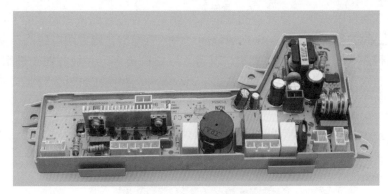

图 2-31 洗衣机电脑板

　　检测洗衣机电脑板是否损坏或存在故障，除了检测各接口电压是否正常外，最简单直观的判断方法就是：①插上电源，洗衣机供电正常，但洗衣机无任何反应，指示灯不亮，显示屏也不显示；②打开洗衣机电源，在未按启动键之前，洗衣机就自动进水，断开电源进水就停止；③操作按键无反应，显示屏显示不全；④在洗涤过程中，波轮只能往一个方向转动，不能左右转动。以上四种情况，可基本判断洗衣机电脑板存在故障。

七、洗衣机电磁阀

　　电磁阀在洗衣机的进水管道中经常被采用，分为单头电磁阀和双头电磁阀二种，如图 2-32 所示。电磁阀主要由铁芯（连接阀芯）、线圈组成。线圈加电，铁芯动作，铁芯带动阀芯动作，从而放开或堵住水流。线圈断电，弹簧复位，阀芯回到原位。采用双头电磁阀，其内部有两个线圈，一个线圈控制进水，另一个线圈控制关水，没有复位弹簧，可有效避免电磁力长时间克服复位弹簧阻力而引起线圈发热的弊端。

(a) 单头进水电磁阀

(b) 双头进水电磁阀

图 2-32 洗衣机电磁阀

　　检测洗衣机电磁阀，只要检测其内部线圈是否存在开路或短路故障，也就是检测两引脚之间的电阻值是否在正常的范围之内，若异常，则说明电磁阀存在故障。

　　新型带烘干功能的智能洗衣机，其进水电磁阀更多，一般有四个进水电磁阀，除了常规的双头进水电磁阀外，还有烘干电磁阀和门封圈（如图 2-33 所示）冲洗电磁阀，如图 2-34 所示。

图 2-33　洗衣机门封圈

图 2-34　四个进水电磁阀

第三章
洗衣机维保工具

第一节　通用工具

一、螺丝刀和扳手

维修洗衣机必备带磁一字螺丝刀、带磁十字螺丝刀和"Z"字形螺丝刀（各种规格各一把，如图3-1所示）。也可备一把电动螺丝刀和各种刀头（如图3-2所示），电动螺丝刀快速省力，可提高工作效率。扳手一般选用套筒扳手和内六角扳手，如图3-3所示。

图3-1　带磁一字螺丝刀、带磁十字螺丝刀和"Z"字形螺丝刀

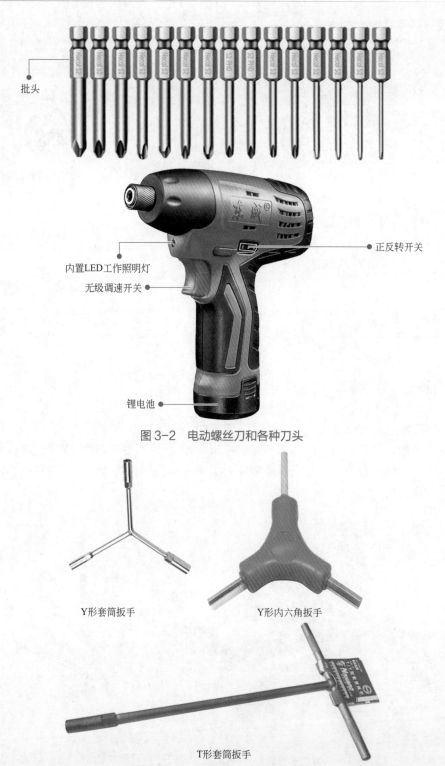

批头

内置LED工作照明灯

无级调速开关

正反转开关

锂电池

图 3-2 电动螺丝刀和各种刀头

Y形套筒扳手

Y形内六角扳手

T形套筒扳手

图 3-3 套筒扳手和内六角扳手

二、万用表

指针式万用表和数字万用表（如图 3-4 所示），可以用来检测线路通断，检测电阻、电流、电压和电容等。也可备一台交直流钳形电流表（如图 3-5 所示），该表除具有普通万用表的功能外，还具有钳形万用表的功能，能在线检测洗衣机的负载电流、大电解电容的容量、温度、频率、占空比，能进行 NCV（非接触式）漏电检测，还能在线检测交流和直流大电流，这为检测变频洗衣机变频电动机的工作电流提供了方便。

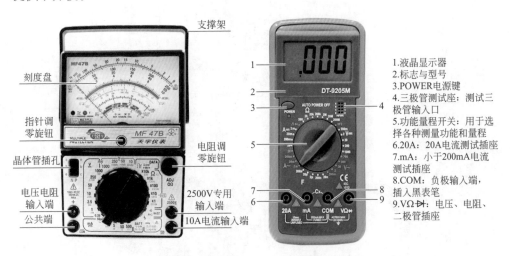

图 3-4 指针式万用表和数字万用表

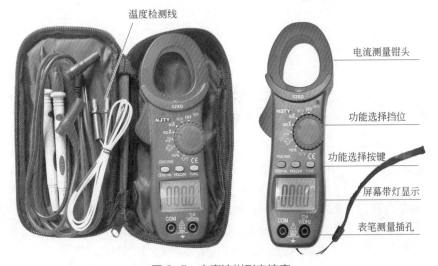

图 3-5 交直流钳形电流表

三、绝缘电阻表

绝缘电阻表俗称摇表，如图 3-6 所示。绝缘电阻表在使用之前，先要检测其能否正常工作，方法是在无接线的情况下，顺时针摇动手柄，观察指针是否滑向 "∞" 的位置；再插线，并将 L 线与 E 线短接，顺时针摇动手柄，观察指针是否滑向 "0" 的位置。若没出现以上情况，则说明绝缘电阻表存在问题，不能使用。

图 3-6　绝缘电阻表

第二节　专用工具

一、拉马

拉马是拆卸洗衣机波轮、轴承、离合器等部件的专用工具，波轮洗衣机和滚筒洗衣机的拉马不同，如图 3-7 所示为波轮洗衣机和滚筒洗衣机的专用拉马。操作方法比较简单，只要按图中示意方法操作即可完成洗衣机的波轮、轴承、离合器等部件的拆卸。

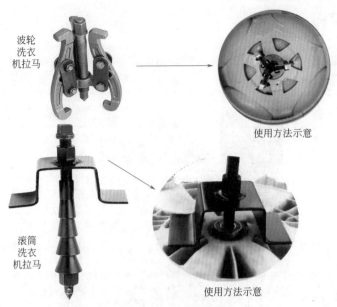

波轮
洗衣
机拉马

使用方法示意

滚筒
洗衣
机拉马

使用方法示意

图 3-7 洗衣机拉马

二、离合器锤打扳手

离合器锤打扳手是洗衣机离合器大螺母的专用拆卸工具，如图 3-8 所示。它的作用是边旋转边敲打，不管是锈蚀的大螺母，还是旋不动的大螺母，采用这一工具都能轻松拆除。

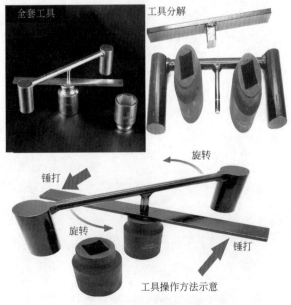

图 3-8 离合器锤打扳手

三、波轮拉钩

波轮拉钩是拆卸波轮洗衣机波轮的专用工具，如图 3-9 所示。它是两个 90° 的直角弯钩，用来勾出洗衣机的波轮。

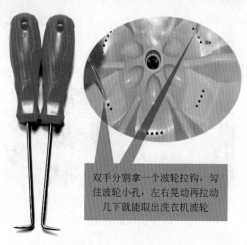

双手分别拿一个波轮拉钩，勾住波轮小孔，左右晃动再拉动几下就能取出洗衣机波轮

图 3-9　波轮拉钩

第四章
洗衣机维修方法与技能

第一节　维修方法

一、直观检查法

直观检查法是维修洗衣机的基本方法，它是通过直观检查洗衣机的工作状况来判断洗衣机是否正常，及判断可能存在的故障部位的一种维修方法。

直观检查法包括看、听、闻、摸等形式，以下作具体介绍。

1. 看

观察洗衣机部件及其外部结构。看按键开关、接口、指示灯有无松动，线路板接触有无脱落，有无虚焊、变色、裂痕、爆裂、鼓包（如图 4-1 所示为洗衣机电动机启动电容鼓包）等现象，保险丝有无烧断、打火、冒烟、变形、松动等问题，用肉眼直观识别和判断。

电容型号和规格

电容鼓包处

图 4-1　电动机启动电容鼓包

2. 听

听异响

轻轻转动洗衣机的波轮或滚筒，并摇摆和按压波轮或滚筒（如图 4-2 所示），是否存在轴承卡阻、零件散落或螺钉脱落的情况，是否有撞声。连续转动听有无不正常的"吱吱"声或"啪啪"的打火声（通电时）。如果有这些现象，则说明故障可能出现在对应的部位。听洗衣机滚筒是否有异响见视频。

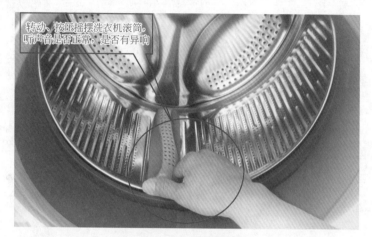

转动、按压摇摆洗衣机滚筒，听声音是否正常，是否有异响

图 4-2　洗衣机滚筒异响

3. 闻

闻就是打开洗衣机上盖和后盖，用鼻子闻闻洗衣机内部有无烧焦气味，找到气味来源，故障可能出现在放出异味的地方。采用闻的方法可有效检测洗衣机的电脑板和电动机明显的烧坏性故障。如图 4-3 所示。

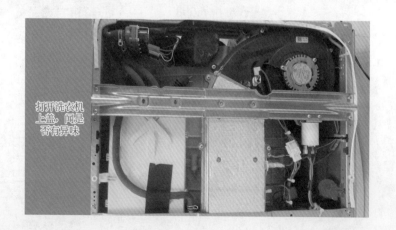

打开洗衣机上盖，闻是否有异味

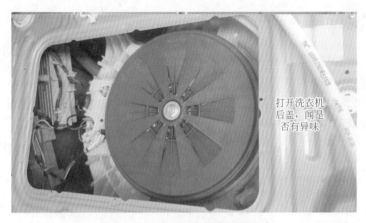

图4-3　闻洗衣机内部是否有异味

4. 摸

用手摸摸变压器外壳（注意断电并放完电后进行，不要触及接线端子，如图 4-4 所示）是否过热。用手感觉一下变压器是否超过正常温度，发烫甚至无法触摸。功率管有无过热或冰凉现象。调整管有无过热或冰凉现象。如果有这些现象，问题可能出现在这些地方。

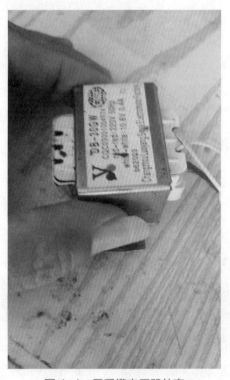

图4-4　用手摸变压器外壳

二、电阻检查法

电阻检测法就是借助用万用表的欧姆挡，断电测量电路中的可疑点、可疑组件以及集成电路各引脚的对地电阻，然后将所测结果与正常值作比较，可分析判断组件是否损坏、变质，是否存在开路、短路、击穿等情况。这种方法对于检修开路、短路性故障并确定故障组件最为有效。这是因为一个正常工作的电路在未通电时，有的电路呈开路，有的电路呈通路，有的为一个确定的阻值。当电路的工作不正常时，线路的通与断、阻值的大与小，用电阻检测法均可检测。采用电阻法检测故障时，要求在平时的维修工作中收集、整理和积累较多的资料，否则，即使测得了电阻值，也不能判断正确与否，就会影响维修的速度。特别是洗衣机不能够通电检修时，不采用电阻法会使维修工作陷入困境。

✓ 提示：

为确保检测的可靠性，在进行电阻测量前应对各在路滤波电容进行放电，防止大电容储电烧坏万用表。电阻检测法一般采用"正向电阻测试"和"反向电阻测试"两种方式相结合来进行测量。习惯上，"正向电阻测试"是指黑表笔接地，用红表笔接触被测点；"反向电阻测试"是指红表笔接地，用黑表笔接触被测点。

电阻法检测电容

利用万用表测量线路或元器件的电阻值，可验证洗衣机被怀疑组件的好坏（如图 4-5 所示为检测洗衣机进水电磁阀的绕组电阻值），是检查有无短路或断路故障的重要方法。用这种方法可以鉴别洗衣机电路中的晶体管 PN 结是否击穿或短路；检查洗衣机电容是否击穿、漏电（若指针式万用表没有电容挡，可用电阻挡观察指针的摆动情况大体判断电容的好坏）、容量有无减退；检查电动机绕组、变压器、蜂鸣器、电感线圈是否断路；检查集成电路各脚对地电阻是否正确及整机线束中有无短路、断路现象等。

图 4-5 检测洗衣机进水电磁阀的绕组电阻值

三、短路检查法

短路法是直接将洗衣机电路中的某两个接点用导线或元器件连接，以判断电路是否存在故障的一种方法。

1. 用导线短路

导线直接短路的方式主要适用于被短路两

点直流电位相同或接近的电路，以及虽不相同但不影响判断正确性的情况，或者是用短路法直接建立电流通路的情况。例如，检查晶体管和芯片振荡器是否振荡时，可以把振荡回路或反馈网络短路，然后对比短路前后晶体管或芯片相关引脚的电压，若电压有变化，则说明振荡器能振荡。此外，这种方法也可用于快速判断小阻值退耦电阻印制导线或连接线等是否开路，也十分方便，检查时只要将导线短路所怀疑电阻或连线的两端即可。另外，在检查洗衣机开关件或接插件是否导通时常用到短路法，它是直接用导线将输入与输出端连接，不通过开关件或接插件（例如门锁开关，短接门锁开关的①、②脚，就直接将主电源给连通了，洗衣机也能正常工作，若洗衣机门在工作过程中能打开，则说明门锁内的 PTC 已损坏，若洗衣机门在工作过程中不能打开，则说明门锁内的 PTC 是正常的），以判断开关件或接插件是否正常的最直观方法，如图 4-6 所示。

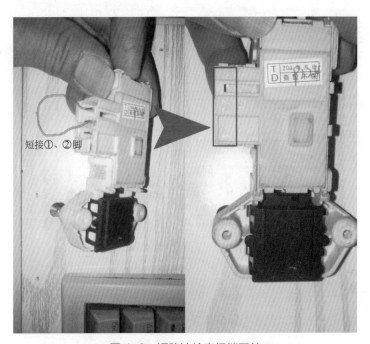

短接①、②脚

图 4-6　短路法检查门锁开关

2. 用电容器短路

电容器短路方式除了用于判断不能直接短路振荡回路的振荡器是否启振外，更多是用来检查判断电脑板中自激振荡噪声或交流声的具体来源。检查时，用电容器从电路后级向前级逐一短路各级的输入端，当短路到哪一级时自激或噪声消失，则表明故障在该级电路中或在它之前的电路中。

3. 用电阻短路

电阻短路方式即用一定阻值的电阻跨接于有关电路两端，严格地讲这种方式不能叫作短路方式，只是用电阻给电路建立一种便于检查判断故障的工作状态。

✅ 提示：

实际运用时，为了便于操作一般可把短路线、电容或电阻两端连接在 2 个鳄鱼夹上组成短路线夹，使用时只要用线夹夹住需短路的电路两端即可。但在印制电路板的焊点和元件密集区域，大多不能采用此法，否则极易造成意外短路故障。

四、电压检查法

电压检查法是通过测量电路或电路中元器件的工作电压，并与正常值进行比较来判断故障电路或故障组件的一种检测方法。一般来说，电压相差明显或电压波动较大的部位，就是故障所在部位。在实际测量中，通常有测量工作电压和信号电压两种方式。工作电压主要是测量洗衣机的交直流工作电压，信号电压主要是测量洗衣机的控制信号输出电压值是否正常。

电压检查法一般是检测关键点的电压值（如图 4-7 所示）。根据关键点的电压情况，来缩小故障范围，快速找出故障部位。

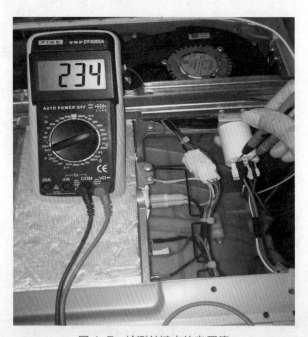

图 4-7   检测关键点的电压值

提示：

　　通常检测交流电压和直流电压可直接用万用表测量，但要注意万用表的量程和挡位的选择。电压测量是并联测量，要养成单手操作习惯，测量过程中必须精力集中，以免万用表笔将两个焊点短路。在洗衣机电路上有时会出现多于一根的地线，要注意找对地线后再测量。

电流测量法

五、电流测量法

　　电流测量法是通过检测电源总电流、负载电流，晶体管、集成电路的工作电流，各局部的电流源的负载电流来判断电器故障的一种检修方法。

　　遇到洗衣机烧保险丝或局部电路存在短路时，采用电流法检测效果明显。电流测量法是串联测量，比较麻烦，必要时才进行电流测量法。但在检测洗衣机总电流、负载电流、电动机供电电流时，采用钳形电流表检测，则方便快捷很多。

六、替代检查法

　　替代检查法是用规格相同、性能良好的元器件或电路代替故障电器上某个被怀疑而又不便测量的元器件或电路，从而来判断故障的一种检测方法。替代检查法俗称万能检查法，在洗衣机维修中经常采用，适用于任何一种电路类故障或机械类故障的检查。该方法在确定故障原因时准确性为百分之百。如图4-8所示用替代检查法检查洗衣机的水位传感器是否正常。

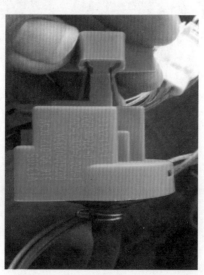

图4-8　用替代检查法检查洗衣机的水位传感器是否正常

提示：

　　使用替代法要根据电器故障的具体情况，以及检修者现有的备件和代换的难易程度而定。要注意的是，在代换元器件或电路的过程中，连接要正确可靠，不要损坏周围其他组件，从而正确地判断故障，提高检修速度，并避免人为造成故障。

七、自诊检查法

　　自诊检查法又称故障代码法，智能洗衣机具有的自诊检测功能，一方面能自动检测机器的工作状态，并将检测到的故障以代码形式自动显示在操作面板上的显示窗内，以告知故障原因及相关部位。另一方面，在机器内部，对需要检测的元器件以一定的检测程序事先存储在微型计算机内，当需要检测某一部件的工作状态时，把检测指令输入微型计算机内，微型计算机就会启动有关程序，发出相应指令，通过伺服机构，使指定的部件进行工作，以此来判断该部件是否完好，工作是否正常。检修洗衣机通常利用其显示在屏幕上的代码来判断故障部位。如图4-9所示为采用自诊检查法显示的故障代码。

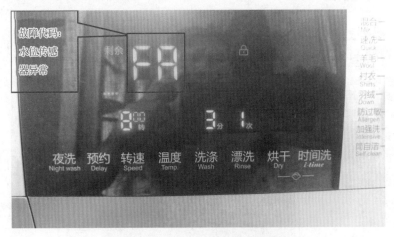

图4-9　自诊检查法显示的故障代码

第二节　维修技能

一、洗衣机进水不止

　　① 一般情况为进水阀阀芯卡住，通电打开无法复位，导致一直进水不止，此

种情况先更换进水阀。

②水位开关故障，引起进水阀一直进水不止，此时应更换水位开关。

③压力管因使用老化而磨损破裂（如图4-10所示）或压力管与水位开关及外桶气嘴接触不良或脱开引起漏气也可导致进水不止，此时应检查水位压力管有无磨损及两接头处有无接触不良或脱开。

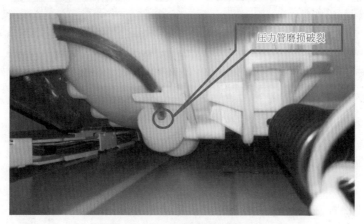

压力管磨损破裂

图 4-10　压力管因老化磨损破裂

 提示：

更换水位压力管时，要注意用胶水密封压力管的两头，以防漏气。

④水位压力管的异物堵住了气嘴口，导致压力无法传到压力开关，此时应拧下大螺母，然后拿出内桶，把堵住气嘴的异物取出。

⑤电脑板故障，引起进水电磁阀一直进水不止，更换电脑板即可。

二、洗衣机不进水

①接通电源开启洗涤挡，用万用表测进水电磁阀进线有没有220V电压（如图4-11所示，测量主进水电磁阀的引线电压），若有且没听到进水阀的进水响声，说明进水电磁阀已坏或自来水断水，关闭水龙头，旋出进水管接头检查进水阀的过滤网是否有异物堵塞，如果有异物就拔出过滤网进行清洁；若电磁阀没有220V电压，则检查主板。

②如果进水阀有电但不进水，则用同规格进水电磁阀进行代换，看故障能否解决，若能解决，则说明故障出在电磁阀；若不能解决，则说明故障还是出在电脑板上。电磁阀正常进水和电压检测情况见视频演示。

电磁阀正常进水情况

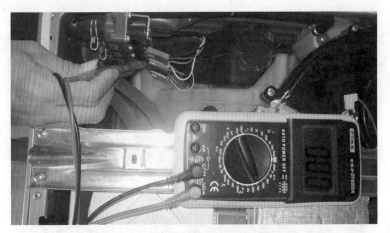

图 4-11　测量主进水电磁阀的引线电压

三、洗衣机不排水

　　① 首先检查洗衣机排水阀上的调节杆螺母有无松动，而导致牵引器无法把排水阀芯拉开引起不排水，此时固定螺母，使之能拉开排水阀芯；

　　② 如果螺母未松动或拉索（有些排水牵引器有拉索）未松脱，再检查排水牵引器的供电电压是否正常，若正常，则可能牵引器已损坏（如图 4-12 所示为排水牵引器），无法打开排水阀芯，此时应更换牵引器；

图 4-12　排水牵引器

　　③ 当排水阀内有杂物堵住也会引起不排水故障，此时先拧开排水阀阀盖，取出杂物；

　　④ 以上检查均正常，则可能是电脑板损坏，应更换电脑板。

四、洗涤时有噪声

① 首先辨别噪声来自哪个位置，如果是波轮（对于波轮洗衣机噪声）或内桶（对于滚筒洗衣机噪声）的下面，应拆下波轮或内桶，看有无异物在下面。因为洗衣机使用时间一长，如果在平时洗衣时未注意，衣物口袋内有硬币、小钮扣等小物件有可能沿波轮与内桶的间隙钻入波轮或内桶的底下，引起异物撞击洗衣机外桶而发出噪声。此时应取出异物，如果异物取不出来，可以把整台洗衣机倒放或取下门密封圈后（视频为拆卸滚筒洗衣机的门密封步骤，不同洗衣机不尽相同，仅供参考）侧置洗衣机就容易取出了。

拆卸滚筒洗衣机的门密封

② 如果噪声从底部（对于波轮洗衣机噪声）或后部（滚筒洗衣机噪声）发出，问题可能出在洗 / 脱电动机驱动部件（DD 电动机属于直接驱动）、离合器（有些洗衣机没有离合器）、减振器（如图 4-13 所示）上。此时可拿下驱动皮带（如果有驱动皮带，DD 电动机则没有驱动皮带），再通电运转，如果噪声消除了，说明噪声来自离合器，反之则说明噪声来自洗 / 脱电动机或减振器上，应予以检查或更换。洗衣机正常洗涤时，应除了水流声和衣物跌落或摩擦声外没有其他的噪声。

洗衣机洗涤时的噪声

洗衣机减振器

图 4-13 减振器

五、脱水时有噪声

① 首先检查桶内衣物是否放置在一边，引起脱水晃动厉害而出现噪声，此时应打开盖板，把衣物放置均匀即可消除噪声。对于全自动洗衣机，其是自动平衡的，若出现脱水噪声，则有可能是平衡传感器损坏，致使衣物不能自动平衡而出现噪声。

② 检查洗衣机的波轮与外桶（对于波轮洗衣机）、内桶与外桶（对于滚筒洗衣机）之间是否有异物存在，如果有异物，取出异物即可消除噪声。

③ 排水阀的调节杆上的螺母松动或磨损，导致打开距离不够，使离合器的棘爪和棘轮转动时相摩擦引起噪声，此时应拧紧或更换调节杆螺母。当上排水洗衣机的排水泵叶片上有异物时，也会出现脱水噪声，应清除异物。

④ 洗衣机电动机组件（DD 电动机组件就是电动机本身，如图 4-14 所示）或离合器部件磨损造成摩擦或有故障时，也会产生噪声。应检查或更换电动机、离合器。当然洗涤电动机高速旋转时也会产生一定的噪声。

洗衣机脱水时的正常噪声

图 4-14　DD 洗 / 脱电动机

六、脱水无力

① 先检查皮带（对于有皮带的洗衣机）是否已磨损，方法是：用两手指捏，如果两边皮带能相碰，说明皮带已磨损，此时可以调整电动机的位置，拉紧皮带，但

如果皮带磨损太厉害或调整电动机位置还无法解决时，应更换皮带。

②检测电动机启动电容（对于有启动电容的电动机）的容量是否减少，若减少了则直接更换同规格的电容器。

③测量脱水电动机的运转电压是否正常，如果不正常应更换电脑板；如果正常，则说明电动机存在故障，此时应更换脱水电动机或洗/脱电动机。对于带 DD 洗/脱电动机的洗衣机，应检测其电动机内部的三个霍尔元件是否不良（如图 4-15 所示）。

图 4-15 电动机三个霍尔元件

④波轮洗衣机的离合器方丝扭簧磨损造成其直径变大，使方丝扭簧无法抱紧脱水轴带动脱水桶正常运转。更换扭簧或离合器即可。

七、洗涤时只能单向旋转

如果波轮洗衣机的波轮只能逆时针方向转动，说明离合器棘爪已脱离棘轮，说明方丝扭簧（又称离合器弹簧或抱簧）根部已断，使方丝扭簧（如图 4-16 所示）不能保持扭紧状态，离合器抱紧了脱水轴引起波轮单向运转。拆下离合器皮带轮取出方丝扭簧，重新更换扭簧或离合器即可。

如果是滚筒洗衣机的波轮只能逆时针方向转动，则可能是洗衣机电脑板的洗涤晶闸管已击穿损坏，或者电脑板某一根引线与电动机引线短路。更换电脑板上的洗涤晶闸管，检查电脑板引线和电动机引线线束是否存在短路的情况。

图 4-16　方丝扭簧

八、打开电源，没按启动键就自动进水

　　此类故障一般是进水电磁阀（如图 4-17 所示）损坏，导致电脑板也有可能烧坏。更换进水电磁阀，有可能要同时更换电脑板，有时单独更换进水电磁阀，还有可能烧坏电脑板，所以同时更换是最安全的。有多组进水阀的，建议直接更换进水阀组件。

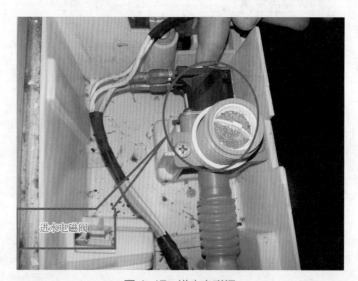

进水电磁阀

图 4-17　进水电磁阀

 提示：

　　按启动键不能进水，直接就洗衣服，一般是水位开关故障，更换水位开关即可。洗衣机排水完成后几分钟就报警，也是水位开关故障。

九、开机没按启动键就直接进入工作状态

引起该类故障的原因主要有：电脑板烧坏、电动机绕组局部短路、电动机电容（变频电动机没有启动电容，则要检查变频板上的大容量滤波电容，如图4-18所示）不良。检修方法是：测量电动机绕组的阻值，正常情况下，二个副绕组的阻值相加等于主绕组的阻值，或三个绕组的阻值相等。若电动机阻值正常，再检查电动机电容是否正常；若不正常，则更换相同型号的电动机和电容。若电动机和电容正常，更换电脑板则可排除故障。

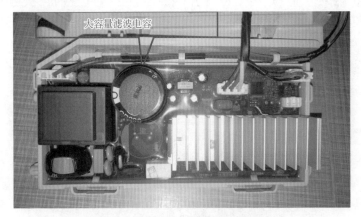

大容量滤波电容

图4-18　变频板上的大容量滤波电容

十、开机进完水后洗衣机就报警

此类故障一般是洗衣桶平衡装置出现了故障。特别是那种采用干簧管（如图4-19所示）保护的平衡装置，盖子上有一块磁铁，当磁铁掉落后，干簧管就不能吸合了，洗衣机会出现报警。只要将盖子上的磁铁重新用502胶胶上即可排除故障。注意磁铁要胶在原位。

图4-19　干簧管

提示：

当洗衣机排完水后，不能进入脱水状态，也就是桶平衡装置出现了故障，短接桶平衡插座即可。找到电脑板的桶平衡插座，将插头插在插座上，将插头上的线皮剥去一小段，直接将线芯拧在一起即可。

十一、开机没按启动键就排水，或者一边排水一边进水

此类故障属排水阀（如图 4-20 所示）损坏引起，也可能同时导致电脑板烧坏。更换同型号排水阀，有可能要同时更换电脑板。因为排水阀损坏容易导致电脑板同时烧坏。

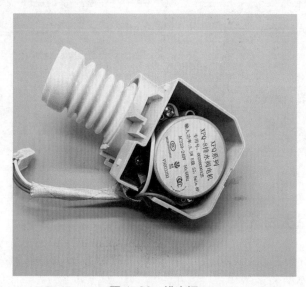

图 4-20　排水阀

 提示：

此类故障有时会出现不能排水，也不能脱水。需要同时更换排水阀和电脑板。

十二、开机就报警，显示故障代码

通常开机就报警或按启动键就报警均属于水位开关故障。更换水位开关及其相应组件即可排除故障。当然，不同的故障代码代表了不同的故障部位，应先根据故障代码确定故障的具体部位。例如：洗衣机显示 E1，则表示洗衣机脱水超时，应检查洗衣机的排水管是否堵塞；若显示故障代码为 DE、DE1、DE2 等字符，表示洗衣机的上盖或洗衣机门没关闭好，关好上盖或洗衣机门即可排除故障；若显示故

障代码为 H，表示洗衣机的脱水安全开关损坏或脱水电路异常，更换脱水安全开关或检查脱水电路上的三极管或晶闸管是否损坏。

第三节　换板维修

一、电脑板换板维修

　　洗衣机电脑板换板维修有两种方法，一种是同型号原板代换维修，还有一种就是通用电脑板换板维修。同型号原板代换维修较为简单，只要找到原板的型号，再购买同型号板，将同型号板换到原板的位置即可。维修的关键就是找到原板的型号和购买同型号新板。相同品牌相同机型的电脑板一般是可以代换的，但代换时还要知道电脑板的型号和洗衣机专用号，相同专用号的电脑板可直接代用。例如，美的 MG70-1232E（S）全自动滚筒洗衣机电脑板，板上有电脑板型号和洗衣机专用号（如图 4-21 所示），洗衣机型号、电脑板型号、洗衣机专用号，三个号完全对应了，不用改线，直接插上对应的接插件就能直接代用，使用起来跟原板没有任何区别，但相同专用号的电脑板可适用不同机型的洗衣机，也就是说，不同机型的洗衣机可能采用相同的电脑板。不过，相同的电脑板也有原厂板和副厂板的区别，可能质量上存在差异，但功能和使用上几乎没有差别。

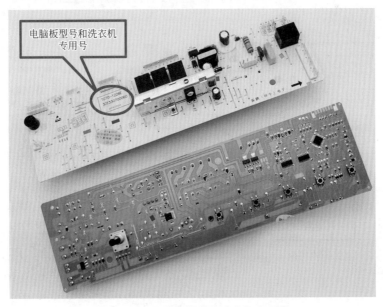

图 4-21　电脑板型号和洗衣机专用号

海信滚筒洗衣机 XQG52-1028 电脑板型号和专用号如图 4-22 所示，只要电脑板型号和专用号相同，即可直接代换。该电脑板同时适用 XQG65-1228S、XQG60-X1028HN 等型号的洗衣机，连电脑板都不用拆开对比就能直接代换。

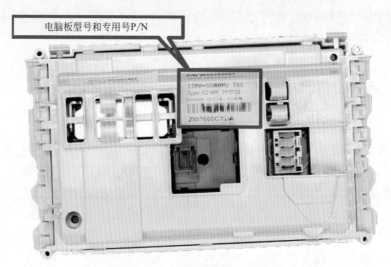

图 4-22　电脑板型号和专用号

海尔 G8072HBX12G 带烘干功能全自动滚筒洗衣机，其电脑板上除型号外，还有二维码标识牌，电脑板的相关信息均包括在二维码中，它是全球范围内可实现万物互联的"数字标识"。只要扫二维码就能知道电脑板的相关信息。如图 4-23 所示，相同型号的电脑板均可代换。

图 4-23　海尔 G8072HBX12G 电脑板代换

通用电脑板（又称万能板，如图 4-24 所示）的换板相对复杂一些，当买不到原板进行代换时，购买通用板进行代换也是换板维修的一种，特别对那种使用年限较长的洗衣机，用通用板代换性价比更高。但用通用板代换之前一定要搞清楚原洗衣机的进水方式（单电磁阀还是多电磁阀，是直流电磁阀还是交流电磁阀等）、排水方式（上排水还是下排水，是牵引器排水还是电磁阀拥排水）、洗/脱电动机类别（有没有启动电容，是交流电动机还是直流电动机，是定频电动机还是变频电动机）、水位传感器类别（传感器频率要与电脑板一致）等。就是电脑板的外接端子上部件要与电脑板相匹配，否则不能代换，或者将配件一并代换，大多数通用电脑板代换会将水位传感器一并代换（即买通用电脑板时附送了水位传感器），这样才能保证水位传感器的频率与电脑板的频率相匹配，否则会出现只洗衣不干衣，长时间加水或水位不准确的问题。

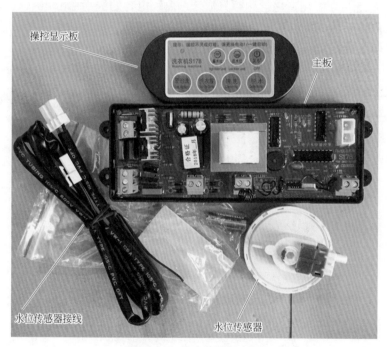

图 4-24　洗衣机通用主板

　　所以更换通用电脑板，首要考虑的是洗衣机的类别（波轮式的还是滚筒式，全自动的还是智能变频的等）和电脑板外接端子上的配件类别。原装水位传感器与通用板的水位传感一般很难匹配，所以通用板一般配了水位传感器。另外，原装显示板与通用电脑板也很难匹配，所以通用电脑板一般配备了操控显示板。通用主板的接线是通用板换板维修的关键，一定要在搞清楚原板接线端子功能和新板接线方法的基础上连接通用主板（图 4-25 所示为某通用主板接线端子的连接方法），不得接错，否则将可能烧坏主板。

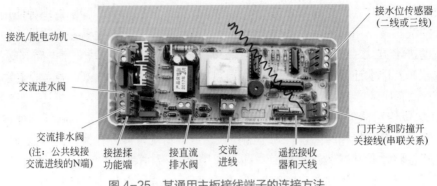

接洗/脱电动机

交流进水阀

交流排水阀
(注：公共线接
交流进线的N端)

接搓揉
功能端

接直流
排水阀

交流
进线

遥控接收
器和天线

接水位传感器
(二线或三线)

门开关和防撞开
关接线(串联关系)

图 4-25　某通用主板接线端子的连接方法

从图 4-25 可以看出，该通用板只适合带启动电容的洗 / 脱电动机、二线或三线电子式水位传感器、交流进水电磁阀的全自动洗衣机。具体到通用主板上的接线，一般在通用主板的外包装上或主板本身有字符标注，根据字符连接即可。如图 4-26 所示。

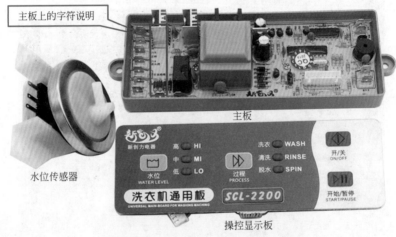

主板上的字符说明

主板

水位传感器

新创力电器

高　HI

中　MI

低　LO

水位
WATER LEVEL

过程
PROCESS

洗衣　WASH

清洗　RINSE

脱水　SPIN

开/关
ON/OFF

开始/暂停
START/PAUSE

洗衣机通用板　SCL-2200
UNIVERSAL MAIN-BOARD FOR WASHING MACHINE

操控显示板

图 4-26　通用主板上的字符标注

自制冷压端子

洗衣机用通用主板代换时，由于接线端子不一定与原板相同，会出现连接不上的情况，这时就需要将原机的接线插头改为与通用板相对应的插头，一般将原机的插头式改为插簧式的情况较多，要注意掌握自制插簧冷压端子的方法。

二、变频板换板维修

洗衣机变频板又称电动机驱动板，它是驱动电动机的专用电路板，有的变频板就直接安装在电动机上面，如图 4-27 所示，有的变频板是单独分开的，如图 4-28 所示。变频板一般采用原型号代换，代换时要搞清楚洗衣机的型号和变频板的型号，这二者完全相同一般是可以直接代换的。但有些同型号的洗衣机可能采用不同厂家的电动机，电动机与变频板必须要一一对应才能正常使用，也就是说什么样的电动机必须配什么样的变频板，所以代换变频板之前还要看电动机型号及供应商，如图 4-29 所示，同时看变频板的外观及插口，完全一样才能直接代换。

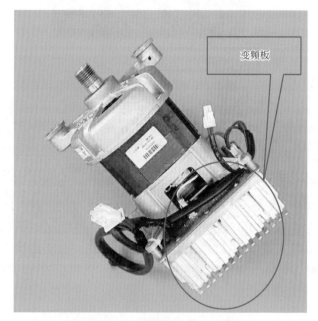

图 4-27 变频板直接安装在电动机上

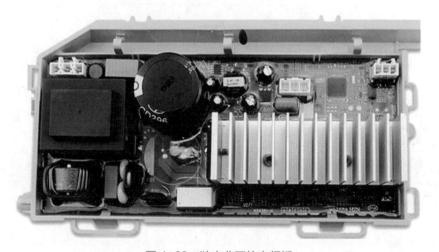

图 4-28 独立分开的变频板

图 4-29 电动机型号及供应商

代换电动机变频板时，要特别注意看变频板上的型号（或物料号）与其对外接口，一定要与原板一致才能代换，如图 4-30 所示。有些洗衣机的变频板专用号是贴在变频板的外壳上，只要找到外壳上的贴纸即可，如图 4-31 所示。

又例如，海尔 G8072HBX12G 带烘干全自动滚筒洗衣机的变频板损坏时，外壳是有变频板的型号贴纸的（如图 4-32 所示）。当洗衣机使用时间过长，贴纸有可能变得模糊或掉落时，可看变频板上的字符标识（主要元件标识、质量认证标识等），变频板的字符标识很简单，而且有防水封胶。对于此类变频板的换板维修，一定要根据洗衣机的型号、变频板上的标识和变频板的外形接口，然后到厂家购买相同的变频板进行代换。代换时要注意变频板上的字符标识要一致，如图 4-33所示。

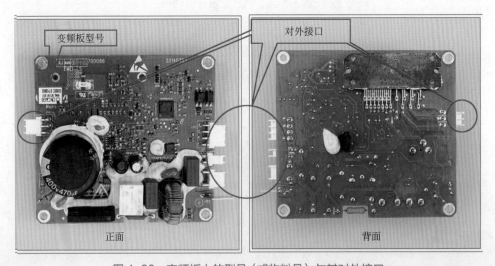

图 4-30 变频板上的型号（或物料号）与其对外接口

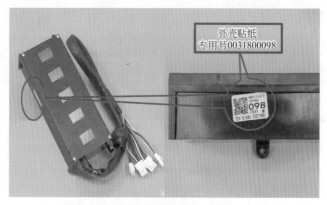

图4-31 专用号贴在变频板的外壳上

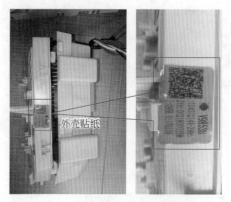

图4-32 外壳有变频板的型号贴纸

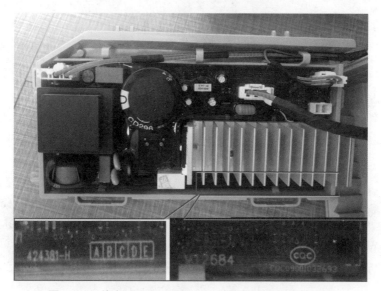

图4-33 海尔G8072HBX12G洗衣机变频板字符标识

三、显示板换板维修

　　显示板是与电脑板配套的组件，有的显示板与主板在一起（如图 4-34 所示），这类显示板损坏进行显示板换板维修时，则要将显示板与主板一起更换。有的显示板与主板是分离的（如图 4-35 所示），这类显示板的换板维修只要单独更换显示板即可，新型带烘干全自动洗衣机的显示板大多是与主板分离的。显示板换板维修，必须采用原板代换，因为不同的主板对应的显示板其接口是不一样的。显示板换板维修时，只要洗衣机的型号、显示板的专用号（如图 4-36 所示）相同即可代换。

图 4-34　显示板与主板在一起

图 4-35　显示板与主板分离

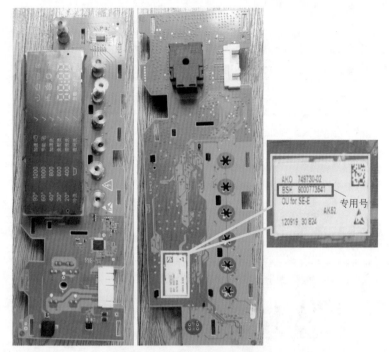

图 4-36　显示板换板专用号

第四节　机械维修

一、减振器代换维修

洗衣机的减振器又称避振器、吊簧、弹簧腿，主要有吊簧减振器（如图 4-37 所示）和撑杆减振器（如图 4-38 所示，又称滚筒减振器、套筒减振器）和弹簧腿（如图 4-39 所示）三种。当减振器损坏时，直接用同规格（大小、长度等参数要完全相同）减振器代换，不同的品牌机型，减振器不尽相同，必须采用同品牌、同机型洗衣机的减振器代换，否则容易造成洗衣机噪声过大。

不管是哪一种减振器，当原减振器损坏需要更换新减振器时，应采用原品牌原机型专用减振器进行代换。当然不同品牌不同机型的减振器，只要形状一样，尺寸相同也可通用。所以当买不到原厂同规格减振器时，也可购买通用减振器进行代换。代换减振器时，要用合适的套筒扳手，从螺孔穿入紧固好固定螺钉，防止螺钉松动产生噪声。紧固减振器螺钉如图 4-40 所示。

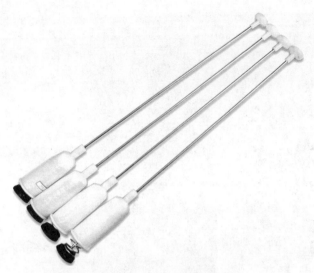

图 4-37 吊簧减振器

图 4-38 撑杆减振器

图 4-39 弹簧腿

图 4-40 紧固减振器螺钉

二、洗涤/脱水桶代换维修

洗涤桶代换维修时要采用同品牌同机型代换，最好是直接到厂家或售后购买同规格洗涤桶。特别是滚筒洗衣机的洗涤桶（外桶），如图 4-41 所示，它是由两个半圆组成的，代换时采用同品牌同规格代换。

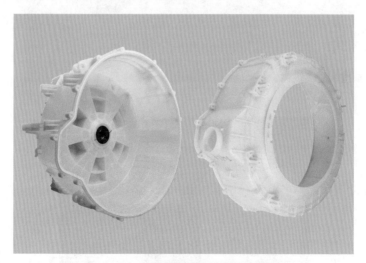

图 4-41 滚筒洗衣机的洗涤桶（外桶）

脱水桶代换维修时，一般情况下采用同品牌同机型直接代换，如图 4-42 所示。也可采用通用代换，但通用代换时要注意轴直径（有的还带有轴套，轴套安装在皮碗中心孔内，如图 4-43 所示）、轴高度、轴孔径、桶高度、桶内径、桶外径等参数要完全一样。波轮洗衣机脱水桶代换维修如图 4-44 所示。

图 4-42　滚筒洗衣机脱水桶代换维修

图 4-43　轴套

图 4-44　波轮洗衣机脱水桶代换维修

代换波轮洗衣机的脱水桶时，往往要同时更换脱水桶的水封（又称皮碗），如图 4-45 所示。

三、轴承代换维修

洗衣机的轴承是洗衣机的一个重要部件，它是洗衣机电动机与洗衣机桶之间的承重旋转部件，工作时间长，磨损大。但更换洗衣机轴承是一项工作量特别大的维修工作，更换洗衣机的轴承，几乎要将洗衣机构件全部拆解才能更换。洗衣机的轴承只要是同型号轴承就能直接代换，并且代换洗衣机的轴承时，一定要同时代换同型号的水封（图 4-46 所示为洗衣机上两个轴承和一个水封）。因为拆解洗衣机的轴承（如图 4-47 所示），一般情况下会造成洗衣机水封的损坏，

图 4-45　脱水桶的水封

所以要同时更换轴承和水封。更换之前要看清楚轴承（如图 4-48 所示）和水封（如图 4-49 所示）的型号，采用同型号耐用的轴承和水封进行代换即可。图 4-50 所示为拆除损坏的轴承后放入新轴承的轴承外套。

其内有两个轴承，一个水封

图 4-46　洗衣机上两个轴承和一个水封

用冲子冲出轴承

图 4-47　拆解洗衣机的轴承

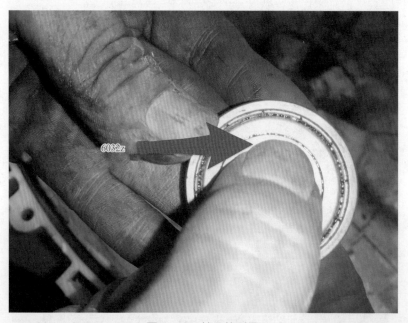

6032z

图 4-48　轴承的型号

图 4-49　水封的型号

图 4-50　放入新的轴承

 提示：

轴承和水封上均有型号标识，字体很小，要注意看仔细。

第五章
洗衣机故障维修案例

第一节　海尔洗衣机故障维修

一、海尔 TQG75-k1261A 统帅滚筒洗衣机显示代码 F7

维修过程：F7 代码代表电动机停转。当电动机过热保护、开路损坏或电动机出现堵转、电脑板有问题等均会出现电动机停转。检修时，首先拔下电源插头，检测电动机线束和电动机连接是否正常；若连接无异常，则检查电脑板线束端子头内是否存在脱落端子；若正常，则拆下电脑板，检测电动机驱动晶闸管是否烧坏或线束插在电脑板上的端子是否存在折断；若正常，则拔掉电动机上的线束，露出电动机端子，将万用表置于电阻挡测量电动机转子和定子是否损坏、电动机线束和电动机连接是否良好；若以上检查均正常，故障依然存在，则需更换电脑板（如图 5-1）。

图 5-1　电脑板（0024000219S）

故障处理：本例查为电脑板上控制电动机的晶闸管损坏所致，更换晶闸管或电脑板即可。

✔️提示：

该型号洗衣机驱动板与电脑显示板为一体。

二、海尔 XQB60-Z12588 波轮洗衣机通电后洗衣机不工作，指示灯也不亮

维修过程：出现此故障时，首先检查电源是否有问题，如查电源插头是否插紧、电源开关是否有问题等；若电源正常，则测电脑程控器电源两端输入是否有约 5V 的电压，若有约 5V 电压，则问题出在电脑程控器（0031800004ZA）上。

若电脑程控器电源输入端无电压，则拔下电源，测导线组件白色插件蓝色线所插接的内端子与电源插头零线端子间电阻值是否正常；若白色插件蓝色线与电源插头零线端子间电阻为无穷大，则测白色插件蓝色线所插接的端子与导线组件蓝线间电阻值，电阻为 0 则换电源线，电阻为无穷大则换导线组件；若白色插件蓝色线与电源插头零线端子间电阻为 0，则测白色插件棕色线所插接的内端子与导线组件的棕色线间电阻值，电阻为 0 则换电源线；若白色插件棕色线与棕色线间电阻为无穷大，则检查熔丝是否烧断，熔丝与两端导线是否接触良好。电脑程控器与导线组件如图 5-2 所示。

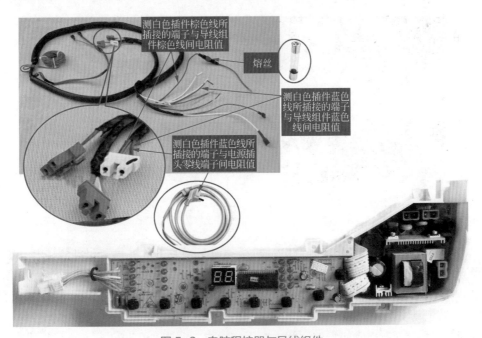

图 5-2　电脑程控器与导线组件

故障处理：本例查为保险丝损坏所致，拆开保险丝装置外壳并取出保险丝，更换后故障排除。

✅ 提示：

电脑板装机之前请先检查好进、排水阀是否正常，避免烧坏新电脑板，很多洗衣机的电脑板是因进、排水阀短路而引起烧板，所以要确保负载没短路再装机。

三、海尔 XQB60-Z12588 波轮洗衣机洗涤时不转

维修过程：首先启动无水程序，无水洗涤，观察电动机是否运转，若电动机运转，则检查传动系统（由离合器、V 带等组成）；若电动机运转不正常，则问题出在电气系统。

当故障在传动系统时，则观察离合器（0030805973）是否有运转声；若离合器有运转声但波轮不转，则检查 V 带是否过松或开裂而使皮带打滑，电动机带轮的紧固螺钉是否松动而使电动机空转，波轮是否被异物卡住而不转；若离合器无运转声，则将离合器处于洗涤状态，用手转动离合器带轮，如不能转动，则是行星齿轮内部锈蚀卡死或者离合器的各销轴、轴承锈死；若带轮转动顺畅但波轮却不转，说明行星减速器损坏或行星齿轮掉齿等，此时应更换整个离合器。离合器与皮带如图 5-3 所示。

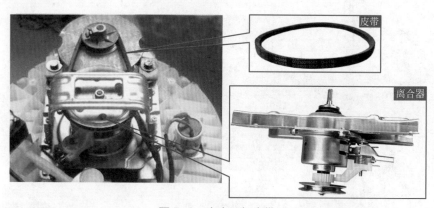

图 5-3　离合器与皮带

当故障在电气系统时，则测电动机两端电压是否正常，若电动机两端无电压，则测电脑程控器两端的输出电压，无电压则故障在电脑程控器；若电动机两端有约 220V 电压，则检查电动机热保护器是否动作（万用表测电动机导线之间电阻无穷大）；若电动机热保护器无动作，则检查启动电容器（电容器组件 00330506022）是否断路、短路（测电动机导线之间电阻无穷大或 0）；若电容器正常，则问题出在电

动机（00330504069D）本身。电动机与电容如图 5-4 所示。

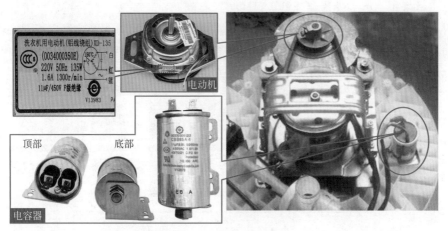

图 5-4 电动机与电容

故障处理：本例查为 V 带（00330011017）磨损断裂所致，更换 V 带即可。

✓ 提示：

传动系统工作过程（如图 5-5 所示）：洗涤时，电动机经主动轮，经过皮带将运动传到被动轮，此时牵引器不动作，刹车带处于抱紧状态，齿轮箱处于静止状态，运动经齿轮箱内的定轴传动系统，输出正向的波轮转动。

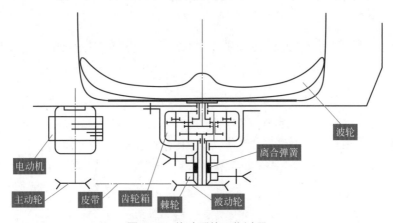

图 5-5 传动系统工作过程

四、海尔 XQB70-728E 全自动波轮洗衣机水脱不干，排水正常

维修过程：出现此类故障时，首先检查皮带是否过松或脱落，可调整皮带或将其更换；若皮带正常，则手动检测离合器，同时转动带轮看脱水桶是否旋转；若没

有旋转则说明非弹簧断裂所致，估计离合器（如图5-6）有问题，拆下皮带、牵引电动机、带轮，再手动检测弹簧、棘轮是否有问题；若弹簧、棘轮正常，扭动中间轴时有时会打滑，且桶内轴杆并不跟着旋转，则可判定问题就出在离合器上；若以上检查均正常，则检查电动机的启动电容容量是否不足；若电容正常，则检查电动机是否有问题（如电动机烧了一边绕组而引起旋转无力）。

图 5-6 离合器

　　故障处理：本例查为离合器弹簧存在断裂后无法抱紧脱水轴而引起脱水无力，更换离合器弹簧即可。

✅提示：

　　①一般全自动洗衣机不能脱水但是能洗涤，或甩干启动时会撞桶，90% 以上是方丝弹簧有问题。②脱水原理：在脱水时，排水电动机在电脑板的控制下拉开离合器的棘爪将棘轮卡住，离合方丝弹簧将离合套与脱水轴抱紧，从而使离合套与脱水轴同时转动，从而实现脱水。

五、海尔 XQB70-BZ1216 洗衣机显示 FC

　　维修过程：当显示板（控制板 0031800020LB）、变频板（驱动板 00330507070J）、电动机、连接线等有故障均会出现通信异常。首先检查主控板与驱动板通信排线是否插到位；再检查各板间连接线路，可用万用表测线和接头是否存在短路或接触不良；若通信线路正常，则检查通信相关的部件是否有问题。图 5-7 所示为显示板与变频板相关部位实物截图。

图 5-7 显示板与变频板相关部位实物截图

　　故障处理：本例查为驱动板上连接通信线相应的 101 和 103 两只电阻开路、显示板一个 101 贴片电阻（两根通信线接入显示板后，经过两个 101 贴片电阻接入通信集成电路）断路。更换损坏电阻后故障排除。

✅ 提示：

　　①洗衣机显示 FC 为通信故障，可能有两种情况：一种是显示板到驱动板之间的通信故障；一种是驱动板到电动机之间的通信故障。因此故障比较难判定，很多有多年维修经验的老师傅换遍了洗衣机组件都修不好报 FC 故障的机器，所以不要单纯地认为就是驱动板坏了。②该机驱动电路是将控制板与驱动板连在一起，当电阻断路后，会造成上下两块板都损坏。

六、海尔 XQG50-807 滚筒洗衣机插上电源后就自动进水，到了水位也不停止

　　维修过程：出现此故障时，首先检查进水阀阀芯是否卡住，通电打开后无法复位；若没有，则检查进水阀线路是否存在短路；进水阀及其线路均正常，则检查进水阀控制电路（如图 5-8）中 IC6（ULN2003）、晶闸管 TR2 与 TR3 及水位开关等元件是否有问题。

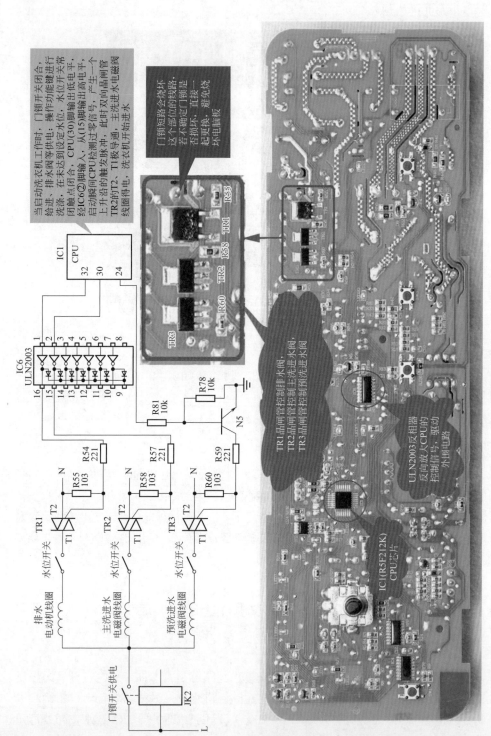

当启动洗衣机工作时，门锁开关闭合，给进、排水阀等供电；操作功能键进行洗涤、在未达到设定水位前，水位开关常闭触点闭合，CPU(30)脚输出高电平，经触IC6②脚输入，从(15)脚输出低电平，启动瞬间CPU检测过零信号，产生一个上升沿的触发脉冲，此时双向晶闸管TR2的T2、T1极导通。T1极导通，主洗进水电磁阀线圈得电，洗衣机开始进水

门频短路会烧坏这个部位的线路，若不确定门频是否损坏，直接一起更换，避免烧坏电脑板

TR1晶闸管控制排水阀、TR2晶闸管控制主洗进水阀、TR3晶闸管控制预洗洗水阀

ULN2003反相器反向放大CPU的控制信号、驱动外围电路

IC1(R5F212K)CPU芯片

图 5-8　进水阀控制电路及电脑板实物

故障处理：本例查为晶闸管 TR2 击穿导通损坏（断电后测其 T2、T1 极阻值已经为 0Ω），更换 TR2 后故障排除。

✅**提示：**

①更换好损坏件，通电前应测量负载（进水阀线圈）有无短路，若负载存在短路，严禁通电试机，避免再次将新换上的晶闸管击穿短路；②排水泵晶闸管 TR1 击穿、炸裂的概率也比较大，维修时也要注意查清楚短路源后方可再次通电。

七、海尔 XQG50-807 滚筒洗衣机通电后整机无反应

维修过程：出现此故障时，首先检查电源插座及市电 220V AC 是否正常，若电源及线路均正常，则检测滤波器的输入与输出电压是否正常；若滤波器（干扰抑制器）上有 220V AC 电压，故判定问题出在电脑板上。

检测电脑板上电压输出，发现开关电源次级无 +12V、+5V 电压输出，但开关电源初级有 AC220V 输入，整流滤波后也有 DC310V，故说明开关电源不起振，此时检测开关电源芯片 IC8、光耦 IC9（PC817）、三端稳压块 7805、稳压管 DZ1 等元件。发现 DZ1 击穿，导致光耦 IC9 无供电，IC8 无电压输出，从而导致此故障。电脑板及电源电路如图 5-9 所示。

故障处理：更换稳压管 DZ1 后故障排除。

✅**提示：**

220V AC 市电电压经熔断器 FU1 输入到主电源电路，通过整流桥（由四个二极管 D3、D5、D7、D8 组成）整流后输出直流电压，通过电容 E1 滤波后经开关变压器 T1 初级绕组（①、③绕组）加到 IC8（TNY276）的④脚，期间由 T1 ①、③绕组上 R74、R75、D4 等组成的尖峰脉冲吸收电路，来限制尖峰脉冲的幅度，以免 IC8 内的开关管被过高的尖峰脉冲击穿；当开关电源工作时，从开关变压器 T1 次级⑧脚输出经二极管 D6 整流滤波后的直流电并接了稳压管 DZ2，确保输出电压的稳定，同时还串接了稳压取样电路中的 DZ1 稳压管，若电压输出偏高，当光耦 IC9 初级电流变大，次级导通变强，用来调整、减弱 TNY276 模块内的开关管的导通频率，从而间接控制、降低与稳定输出电压。输出 +12V 的电压供继电器等使用以及经过三端稳压块 7805 后输出 +5V 电压供 CPU 等使用。

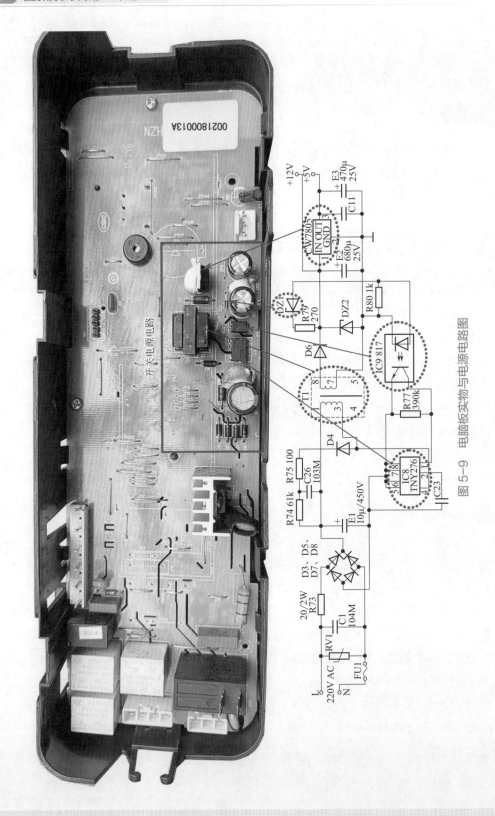

图 5-9 电脑板实物与电源电路图

八、海尔 XQG50-807 滚筒洗衣机通电后指示灯亮，但进行操作程序时有"嘀嘀嘀"报警声

维修过程：出现此故障时，首先检查门是否关好、自来水龙头是否打开或进水阀是否堵塞、排水管是否堵塞；若以上几项均正常，则检测电脑板上的开关电源 +12V、+5V 输出电压是否正常；若 +12V、+5V 电压正常，则测门锁的 1、3 端是否有 220V AC 电压；若门锁的 1、3 端有 220V AC 电压，则检测门锁开关，将万用表接头接在所测线路两端，当万用表显示电阻为零，则表示线路为通路，门锁开关完好；若万用表显示电阻为无穷大，则表示线路为断路，门锁开关损坏。门锁相关实物与电路如图 5-10 所示。

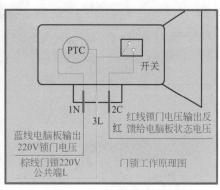

图 5-10　门锁相关实物与电路

故障处理：本例查为门锁内部 PTC（热敏电阻）损坏，造成门锁触点不能闭合，从而导致此故障的发生。更换门锁即可。

✅提示：

①门锁短路会烧坏晶闸管 TR1、TR2、TR3 等元件，若不确定门锁是否损坏，请检查这些元件，以免烧坏电脑板；②门锁插线（红线 C 对应 2，棕线 L 对应 3，蓝线 N 对应 1）不能插反，以免烧坏电脑板。

九、海尔 XQG56-B1286 滚筒洗衣机洗涤正常，但脱水时转速很慢

维修过程：当电动机、变频板有问题或电脑板给出的控制信号失常均会引起脱水时转速慢。首先查电动机是否有问题（该机电动机有 5 根引出线，2 根接线圈超温保护开关，另三根是三相绕组线 U、V、W），测超温保护开关是导通的，再测 U-V、U-W、V-W 绕组电阻都是 3.1Ω，给电动机通电测其正反转电流也正常，故排除电动机有问题的可能。电动机与变频板如图 5-11 所示。

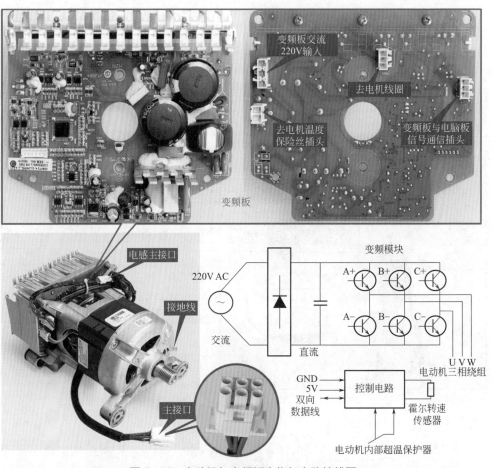

图 5-11　电动机与变频板实物与电路接线图

再检查电脑板是否给出正常的控制信号，在执行脱水程序时，用示波器测电脑板与变频板的数据线（电脑板和变频板有 3 条连线，其中只有一根数据线）上有跳动的脉冲，故判定问题出在变频板上（应查变频板上的功率驱动部分、变频板上的速度传感器，变频板上的软件数据是否出错等）。

故障处理：本例为变频板上的软件数据错误所致，更换变频板即可。

提示：

　　该型号洗衣机电动机有两种型号：一种是上海通用电动机，型号是0024000133A；另一种是阿斯科电动机，型号是0024000133C（变频板型号是020099000546），本机使用的是后者。和电动机配套的变频板也有两种型号，两者不能互换。

十、海尔XQG60-10866 FM 滚筒洗衣机开机进水后显示"Err7"代码

　　维修过程：出现此故障时，首先检查电动机插线（如图5-12）、电感插线是否插好，是否存在端子脱落，若是，则重新插接好使其接触良好；若电动机接插件接触良好，则关机，断电几分钟拆下电动机（保持插线连接）再通电试运行，观察电动机电脑板上的指示灯是否为 0.5s 亮 /0.5s 灭（慢闪）；若指示灯闪烁失常，则问题出在电动机；若指示灯闪烁正常，则测电脑板电源输入端是否有 220 ～ 240V 电压，若有电压，则查电脑板（如图5-13）上继电器、晶闸管、桥堆等元件是否有问题。

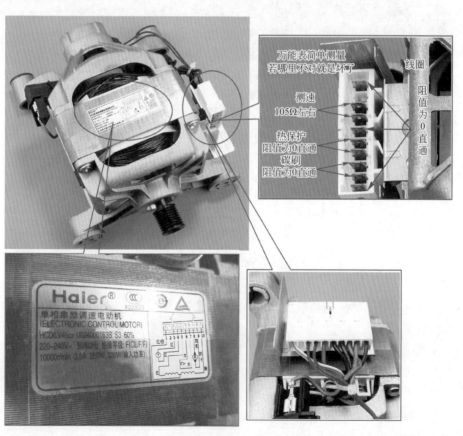

图 5-12　电动机

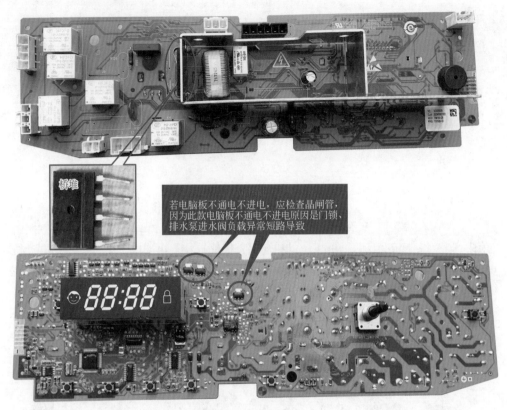

桥堆

若电脑板不通电不进电，应检查晶闸管，
因为此款电脑板不通电不进电原因是门锁、
排水泵进水阀负载异常短路导致

88:88

图 5-13　电脑板

故障处理：本例查为桥堆 GR502 损坏所致，更换桥堆即可。

✓ 提示：

　　Err7 代码为电动机停转报警。更换电脑板上电前必须检查电动机、进水阀、排水阀、电源开关等元件是否完好，否则会烧毁电脑板。

十一、海尔 XQG60-HTD1268 型滚筒洗衣机显示代码 Err2

　　维修过程：此类故障一般是排水有问题。首先检查排水管的放置是否合适，若排水管放置合适，但不能排水，则检查排水泵是否堵塞；若排水泵未存在堵塞现象，则测排水电动机两接线端是否有 220V 的电压；若两接线端有 220V 电压，则判定排水泵有故障；若两接线端无 220V 电压，则问题出在电脑板上排水泵供电电路。排水泵及电脑板实物如图 5-14 所示。

　　故障处理：本例检测出排水泵线圈不通（如图 5-15），查为线圈接头断了所致，重新焊接好排水泵后故障排除。

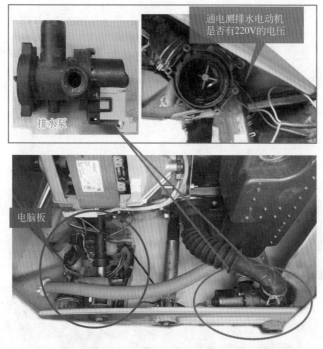

图 5-14　排水泵及电脑板实物图

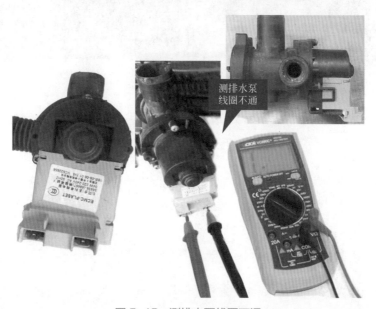

图 5-15　测排水泵线圈不通

 提示：

Err2 为排水故障，该机排水泵型号为 ECMC-PLASET。

十二、海尔 XQG60-QHZ1281 滚筒全自动洗衣机显示代码 Err1

维修过程：此类故障重点检查门部分与电脑板（如图 5-16）。首先用手推机门，观察洗衣机观察窗（机门）是否关好；若机门关好，则检查门锁是否有问题（用门钩模拟关门后，用万用表测门锁 1-2 是否断路，2-3 之间是否断开）；若门锁（微延时）正常，则测门锁到电脑板的插线是否松动、红蓝线间是否有 220 ~ 240V 电压；若插接线无松动，且有 220 ~ 240V 电压，则问题出在电脑板。

测门锁到电脑板的插线是否松动、红蓝线间是否有 220~240V电压

用门钩模拟关门后，用万用表测门锁1-2是否断路，2-3之间是否断开

图 5-16   门锁与电脑板

故障处理：实际维修中因门锁损坏较常见，更换门锁并将插线插紧即可。

✅提示：

代码 Err1 为门故障，在程序开始运行 20s 后，机门还没有完全关好；电子门锁开关型号 0020400128。

十三、海尔 XQG60-QHZ1281 滚筒全自动洗衣机显示代码 Err7

维修过程：出现此故障时，首先检查插线排是否完好，有无端子脱落；若插线排正常，则检查电动机是否损坏（可通过用万用表测电动机各线之间的阻值是否正常来判断）；若电动机正常，则测电脑板输入到电动机的输入端是否有 220 ~ 240V 电压，若电压失常，则问题出在电脑板。电动机与电脑板如图 5-17 所示。

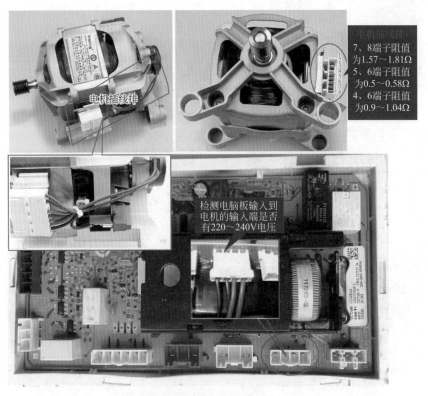

图 5-17　电动机与电脑板

　　故障处理：本例查为电动机插线排端子脱落所致，将插线重新插好故障即可排除。

提示：

　　Err7 代码为电动机停转报警，电脑板型号 0024000048A，电动机型号 0024000084。

十四、海尔 XQG60-QHZ1281 滚筒洗衣机进入排水程序时不排水，显示代码"Err2"

　　维修过程：此类故障重点检查排水通道或控制系统。首先检查排水管高度是否过高或排水管存在堵塞；若排水管正常，则手摸洗衣机右下角排水泵位置，检查排水泵是否存在振动；排水泵振动，而筒内无水，则向压力传感器软管吹气，看是否存在阻塞；若排水泵没有振动，则打开过滤器，检查排水泵内是否有杂物堵塞；若排水泵内无杂物，则用万用表检查排水泵是否损坏（可测排水泵输入端是否有 220 ～ 240V 输入电压，有电压则排水泵可能损坏）；若排水泵正常，则检查电脑板是否有问题（可测电脑板向排水泵的输出端是否有 220 ～ 240V 电压，无电压则为电脑板故障）。排水泵与电脑板相关部位如图 5-18 所示。

手摸洗衣机排水泵位置，检查排水泵是否存在振动

排水泵

测电脑板向排水泵的输出端是否有220～240V电压

测排水泵输入端是否有220～240V输入电压

图 5-18　排水泵与电脑板相关部位

故障处理：实际维修中因排水泵（0022150033660401）内有杂物堵塞较常见，清理排水泵内杂物即可。

✅提示：

Err2 代码为排水故障。排水泵卡杂物会导致不排水，严重时还可能导致水泵烧坏、电脑板烧坏。

十五、海尔 XQG70-BX12288Z 滚筒洗衣机通电后无显示，按键也无反应

维修过程：出现此故障时，首先检测电源插座是否接触良好、是否有 220V 电压；若电源插座及供电正常，则检查电源开关的端子和线束是否松动或损坏；若电源开关正常，则按下电源开关，用万用表测干扰抑制器输出端是否有 220V 电压；若无 220V 电压，则说明问题出在干扰抑制器（如图 5-19）；若有 220V 电压，则断电，检查电脑板的接插件是否接触良好；若电脑板上的接插件良好，则测电脑板输入端是否有 220 ～ 240V 交流电压，无电压，则问题出在电脑板。

图 5-19　干扰抑制器

　　故障处理：本例查为电脑板上电源管理芯片（TNY264GN，如图 5-20）损坏所致，更换 TNY264GN 后故障排除。

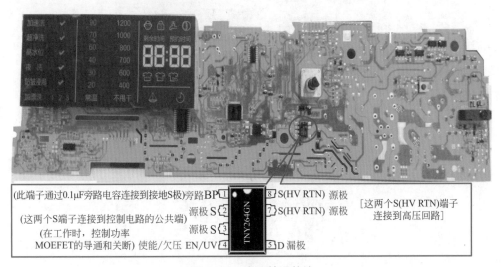

图 5-20　电源管理芯片

✅ 提示：

　　洗衣机中的电源滤波器是由电容、电感和电阻组成的滤波电路，滤波器（当作干扰抑制器用）对电网中的高频谐波进行过滤，防止洗衣机工作时产生的高频谐波影响其他电器的工作。

十六、海尔 XQG70-BX12288Z 滚筒洗衣机显示 E4 代码（进水异常）

维修过程： 引起此故障的原因一般有三种，一是进水阀过滤网被堵塞，二是进水电磁阀有故障或者插件线接触不良，三是控制板有问题。

首先检查水龙头是否打开或水压过低，若正常，则检查进水电磁阀、水管是否被污物堵塞，必要时清理堵塞物；若电磁阀与水管未堵塞，则拉出分配器盒，观察储水槽是否进水；若进水，则观察排水管最高点是否高于地面 5cm，当过高时应进行调整；若储水槽没有进水，则用万用表测电磁阀三组端子间的电阻是否正常（如图 5-21）；若电磁阀端子间电阻值失常，则说明电磁阀损坏；若电磁阀端子间电阻值正常，则通电选择预洗程序并启动，测电脑板向进水电磁阀输出端是否有 220 ～ 240V 电压，有电压则故障出在进水电磁阀，无电压则问题出在电脑板上。

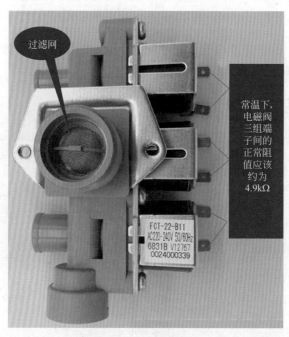

过滤网

常温下，电磁阀三组端子间的正常阻值应该约为 4.9kΩ

FCT-22-B11
AC220-240V 50/60Hz
6831B V12767
0024000339

图 5-21　进水电磁阀

故障处理： 电磁阀过滤网被脏物堵塞较常见，清除堵塞物即可。

 提示：

①当判断问题出在电脑板上，应重点检查进水继电器是否损坏；②检查进水阀是否有脏物堵塞，避免其损坏，拧开时不要太用力。

十七、海尔 XQG70-BX12288Z 滚筒洗衣机显示代码 E1（排水异常）

维修过程：出现此故障时，首先检查洗衣机箱体右下角排水阀是否打开；若排水阀未打开，检查压力传感器软管是否堵塞，堵塞则清理；若排水阀打开，则拧开过滤器，查看排水阀内是否有杂物堵塞，堵塞则清理排水阀内杂物；若排水阀内未堵塞，则用万用表检测排水阀端子是否导通，其阻值是否正常（常温下，排水阀的端子应该导通，其 L、N 之间阻值约为 8.06kΩ）；若排水阀端子未导通，则说明问题出在排水阀（如图 5-22）；若排水阀端子正常，则检测电脑板向排水阀的输出端是否有 220 ～ 240V 输入电压，无电压则为电脑板故障。

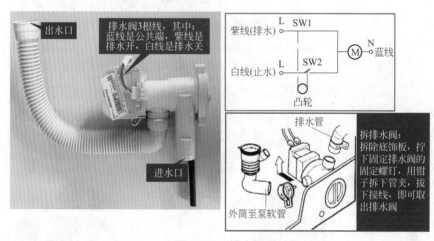

图 5-22　排水阀

故障处理：实际维修中因排水阀（0020809284A）内有杂物堵塞较常见，清理排水阀内杂物即可。

提示：

下排水的排水阀有 3 根线，其中蓝色线是公共端，紫线是排水开，白线是排水关；当排水阀在关闭状态时，给蓝线和紫线供 220V 电压，排水阀会打开；当排水阀处于打开状态时，给蓝线和白线供 220V 电压时排水阀会启动关闭；排水阀短路烧坏电脑板的比较多，维修时需要特别注意。

十八、海尔 XQG70-BX12288Z 滚筒洗衣机显示代码 E2（门锁故障）

维修过程：出现此类故障要重点检查门锁部分（如图 5-23）。首先用手推机门，检查洗衣机门（观察窗）是否关好；若重新开关一次机门后故障依旧，则检查门锁开关及其线路是否有问题（用万用表电阻挡直接测量线路的通断，常温下门锁的端子1、2应是导通，2、3间正常电阻为150～200Ω），若测电阻为零则表示线路为通路，门锁开关完好；若测电阻为无穷大则表示线路为断路，则为门锁开关损坏。

若门锁正常，则检查电磁门锁（0024000128A）到电脑板（0021800061E）的接插件是否松动；若电磁门锁到电脑板的接插件接触良好，则拔下该接插件，测门锁到电脑板的插接端子（红、蓝线）是否有220～240V电压；若有电压，则问题出在电脑板。

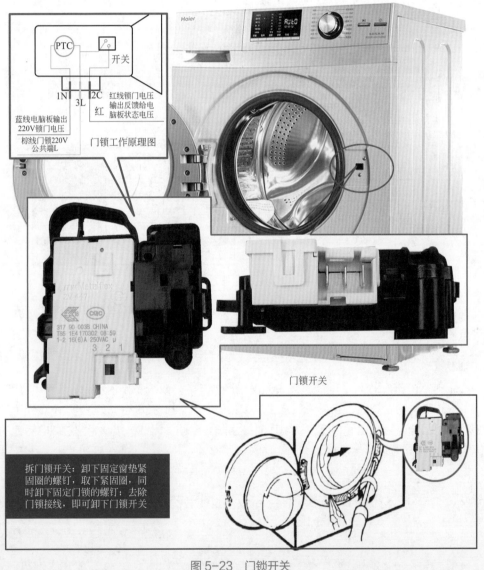

图5-23　门锁开关

故障处理：实际维修中因门锁开关损坏较常见，更换门锁开关即可。

提示：

　　故障报警信息，门锁连续通电 5 次，每次间隔 5s，不能正常上锁；门锁连续通电 5 次，每次间隔 3s，不能正常解锁；门没有关闭到位，就启动程序。

第二节　西门子洗衣机故障维修

一、西门子 Family 1650 滚筒洗衣机滚筒转几下就停止

　　维修过程：此故障多数为电动机或控制电路有问题所致。首先检测电动机速度传感线路是否有问题，查电动机 6 根线 3 组都通，且有一组转动电动机表针摆动，故说明电动机正常，故障出在电动机驱动电路，对主板上控制电路逐项进行检查，发现双向晶闸管烧坏。如图 5-24 所示为主控板。

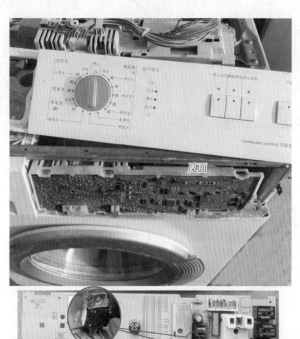

图 5-24　主控板

　　故障处理：更换晶闸管（BTB16-800）或整块电脑板后，试机故障排除。

提示：

　　该洗衣机出现此故障，问题大多是出在电脑主板，直接更换主板即可。

二、西门子 WM1065 滚筒洗衣机不锁门，且有报警声

　　维修过程：出现此故障时，首先检查门是否关到位，若门关到位，则确定是否已按启动键启动程序；若已按启动键启动程序，则检查门锁开关（如图5-25）是否正常，可断电测门开关接线2和3之间是否有25kΩ的电阻，当电阻为无穷大或为0，则说明开关已损坏；若门开关正常，则检测门开关主板上接线是否接触良好；若以上检查均正常，则说明问题出在主板。

图 5-25　门锁开关

　　故障处理：本例查为门锁开关损坏所致，更换门锁开关即可。

提示：

　　西门子门开关塑料件全无螺钉固定，内部只有一颗螺钉固定金属动片，是PTC发热双金属片动作型。

三、西门子 WM1065 滚筒洗衣机进水不停，不能洗涤，但单脱水 和排水正常

维修过程：由于该机脱水与排水均正常，故怀疑是水位开关（如图5-26）有问题，拆开洗衣机上盖，取出水位开关，拔下水位开关的软管，用嘴往管里吹气，此时，洗衣机滚筒能运转，说明水位开关正常，故怀疑问题出在软管上，经查为软管与水桶连接处存在开裂，导致洗衣机漏水且不能洗涤。

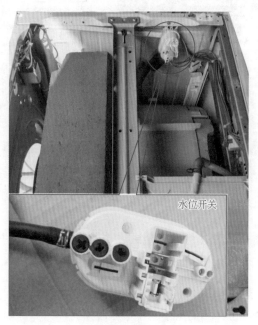

图 5-26 水位开关

故障处理：更换水位开关上的连接软管后，故障排除。

提示：

①水位开关安装在机身内部，拆开洗衣机上盖就能看到有一根塑料的小管子，小管子一头连接存水桶外壁，小管子一头连接开关，此开关就是水位开关；②水位开关的好坏可用万用表进行测量，测水位开关上的常闭触点是否断开，如果水位达到，两个触点仍处于接触状态，水位开关失去控制，此时水位开关应更换或调整。

四、西门子 WM1065 滚筒洗衣机通电后空气开关就跳闸

维修过程：此故障一般是因为机内存在短路故障，如排水泵、加热器、电动

机、滤波电容等存在短路。检修时，首先检查电源插座及地线连接是否正常；若正常，则检查进水电磁阀、排水泵电磁线圈阻值是否正常；若进水电磁阀与排水泵线圈阻值正常，则检查洗涤电动机是否正常，可先将洗涤电动机上的线拔下，试机看是否正常，当还存在跳闸则说明问题不在电动机上；若电动机正常，则检测加热管是否正常（如图 5-27），将电动机的线还原，拔掉加热管上的两根电源线，试机看是否正常，当仍存在跳闸，则说明加热管正常。

图 5-27　加热管

故障处理：本例查为加热管短路所致，更换加热管后故障排除。

提示：

①若洗衣机在进水完成后，滚筒开始运转时空气开关跳闸，说明跳闸与进水阀无关，与滤波电容无关；②检查加热管除采用排除法，还可通过检测加热管的阻值来判断，若阻值为 0Ω 或无穷大，则说明加热管损坏。

五、西门子 WM1065 滚筒洗衣机脱水时有很大噪声

维修过程：此故障可能是滚筒不在同心圆上，损坏的部件有：轴承、三脚架、轴。

故障处理：多数是轴承（如图 5-28）损坏而引起噪声大，更换轴承时，首先拆掉洗衣机上盖，然后拆里面的接管，取出洗衣液盒，拆配重块、前上端面板、下端面板、门板、门盖胶圈、外桶前端配重块、加热器接线、电动机接线、减振器螺钉和与外筒上的所有连接件，拧下悬挂在外筒铁架上的四颗螺钉，卸下外筒；再拆除外筒上的皮带、带轮、电动机、前端橡胶圈等，拆开塑料外桶（外桶是两半结构，由螺钉和卡扣紧固）；最后就可以拆下轴承进行更换了。

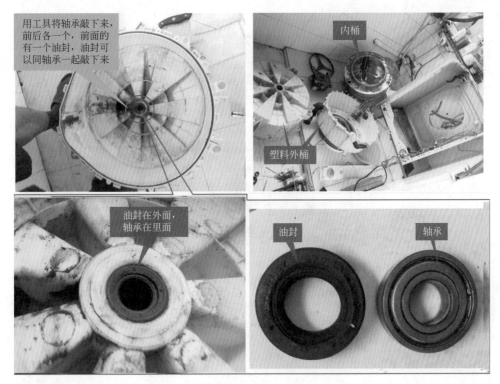

图 5-28　轴承

✅提示：

更换轴承的同时最好将油封一起换掉，因多数轴承损坏都是由于密封不严而进水导致的。

六、西门子 WM12S4680W 变频滚筒洗衣机门锁"咔咔"响后门没锁住

维修过程：通电后将洗衣机置于洗涤程序，按下开始键，5s 后用手轻轻拉动洗衣机的门，若能听到门锁发出声响，说明门钩与门锁接触不良；若门锁不能发出声响，则说明与门锁的插线松动或门锁开关损坏；若门锁开关正常，则检查电脑板是否有问题。

故障处理：此例门锁"咔咔"响不锁门为主板故障导致，更换主板后故障即可排除。

✅提示：

①针对洗衣机门锁"咔咔"响，测试方法可以拆开洗衣机顶盖，拔了水位传感器的插头（如图 5-29）不接，开机门锁会自动锁上通常就是主板故障，不能锁上通常就是门锁故障；②通常门锁"咔咔"响 2 次是主板故障，门锁故障是"咔咔"响 3 次。

图 5-29　水位传感器插头

七、西门子 WS08M360TI 滚筒洗衣机通电后，按任何键均无反应，显示屏也不亮

维修过程：出现此故障时，首先检查电源插座是否接触良好或空气开关是否跳开；若洗衣机电源插座及空气开关均正常，则检查电源线及机内线路是否存在断路现象；若线路正常，则检查主板（如图 5-30）上电源部分是否有问题。

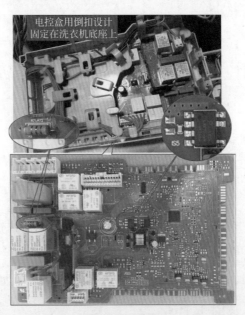

图 5-30　主板

故障处理：本例查为电源 IC（IS5 LNK304GN）短路导致线路过载，限流电阻 R71/R72 烧坏所致，更换电源 IC 及限流电阻后，故障排除。

提示：

①洗衣机上能得到 220V 电源，却不通电，一般问题出在主板上的电源部分，因为洗衣机主板所用的电压不是 220V，而是 12V、5V 这些低压电，若无 12V、5V 电压，主板就不能正常工作，此问题可对电源部分损坏件进行更换处理，大多数情况不必更换整个主板；②若要更换主板，一定要与显示板进行配对，否则即使更换了主板问题依然不能解决。

八、西门子 WS08M360TI 滚筒洗衣机脱水时电动机不转，但洗涤正常

维修过程：当排水系统堵塞，电动机、主板、水位传感器有问题等均会引起不脱水。由于该机洗涤正常，故排除电动机有问题的可能；又因该机在脱水时显示屏上的程序时间也能正常变化，故排除主板有问题的可能；检查排水也很畅通，故判断问题出在水位传感器（如图 5-31），用万用表测水位传感器阻值，发现其阻值失常，故说明判断是正确的。

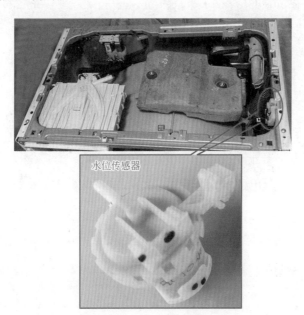

水位传感器

图 5-31 水位传感器

故障处理：更换水位传感器后，故障排除。

✅ 提示：

　　洗衣机脱水程序是在洗涤液排净后，水位传感器复位的条件下开始的；若水位传感器不能复位，脱水电路就不能接通，洗衣机就不能进入脱水程序。

九、西门子 WS12M3600W 变频滚筒洗衣机操作洗涤程序和单脱水程序能进水和排水，且显示屏时间也逐渐减少，但滚筒不转

　　维修过程：当电网电压过低、洗涤物放置过多、传动带打滑或脱落、电容器损坏、电动机启动绕组断路、滚筒被异物卡住、驱动板有问题等均会造成滚筒不转。由于该机进水和排水均正常，故说明进、排水部件正常，此时使机器进行自检程序，显示代码 E57（为电动机或驱动板故障）。拆下电动机，通电选择单脱水程序，电动机能旋转，且测电动机碳刷也正常，故说明问题出在驱动板或与电动机连接线，重新拔插电动机接插件线，故障依旧，故判定故障在电动机驱动板上（如图 5-32 所示）。

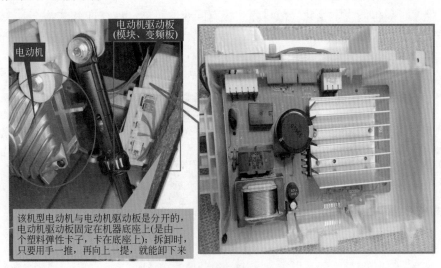

图 5-32　电动机驱动板

　　故障处理：取出电动机驱动板，测得模块的 PN、PW、PU、PV 及 NW、NU、NV 不正常，更换电动机驱动后故障排除。

✅ 提示：

　　西门子变频洗衣机出现进水一下就停，主电动机不转，显示故障代码 E57、E51。另外按着程序按键不放，过 30s 左右就会显示故障代码的，基本上都是电动机模块烧坏。可拆开电动机模块观察一下，通常电动机模块背面都有烧坏的痕迹。

十、西门子 XQG60-WM08X1600W 滚筒洗衣机进行脱水与洗涤程序时，滚筒转动一下就停止

维修过程：由于该机故障是在滚筒转动时出现的，故初步怀疑皮带与电动机有问题，拆下皮带检查正常，再测电动机定子与转子的阻值也正常，故排除皮带与电动机有问题的可能，判定问题出在主板，采用代换法更换主板后故障消失，说明问题就在主板（如图 5-33）。

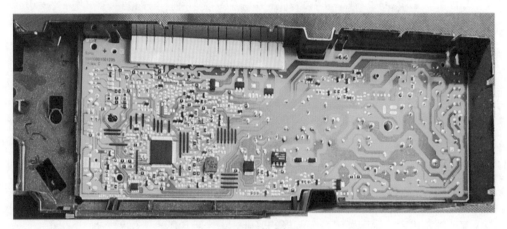

图 5-33 主板

故障处理：更换主板后故障排除。

提示：

当洗衣机不洗涤不脱水，其实就是电动机不转的故障，两个故障部件：电动机与电脑板，用代换的方式就能快速维修好。

十一、西门子 XQG70-15H568（WD15H5680W）滚筒洗衣机按开始键进行洗涤，进水后滚筒不转；选择单脱水程序时，排完水后滚筒也不转

维修过程：当皮带、电动机及其变频驱动板有问题，均会引起此故障。由于该机电动机（直流无刷变频电动机 BLDC）是由变频驱动板直接驱动运转，故通过机器自检方式，调出来的故障代码为 E57，代码的含义为电动机变频驱动板（如图 5-34）有问题。

故障处理：更换同型号电动机变频驱动板后故障排除。

图 5-34　电动机变频驱动板

✓提示：

　　变频板的好坏，首先检查变频板的 220V 供电是否正常，其次要检查它的直流电压 300V、5V 与 15V 电压是否正常，若所有电压均正常了，还要检查电阻是否完好无损，这些都是检查一个电路或者电脑板的基础知识，若电脑板无问题，那么还要确认一下电动机是否完好。

十二、西门子 XQG80- WM10P1601W 变频滚筒洗衣机工作几分钟后显示屏无显示

　　维修过程：当主板、主板与显示板间的连接线、显示板有问题均会出现此故障。检修时，首先检查主板（板号 9000967282）与显示板间的连接线路及接插件是否有问题，若连接线路与接插件均正常，则用万用表检测主板上 5V 和 12V 输出是否正常；若无 5V 和 12V 电压，则重点检查主板上的电源部分是否有问题；若以上检查正常，则检查显示板（板号 AKO769357、9000938202）。图 5-35 为主板与显示板实物图。

　　故障处理：引起无显示这类故障的多是由于显示板出现故障，更换显示板故障即可排除。

✓提示：

　　可通电后将洗衣机置于洗涤程序，细听主板上是否有继电器吸合声，有声音则说明问题出在显示板。

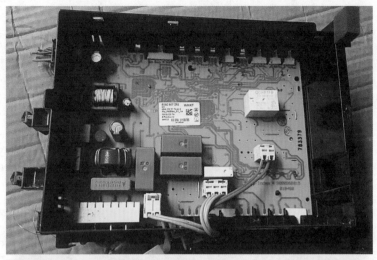

图 5-35　主板与显示板实物图

第三节　美的 / 小天鹅洗衣机故障维修

一、美的 MB60-V3006G 波轮洗衣机按启动键后不进水，直接进入洗涤状态

维修过程：首先检查进水阀是否有问题，测进水电磁阀两端电压是否正常，若电压正常则是进水阀本身损坏；若进水电磁阀两端无电压，则问题可能出在电脑板或水位开关；切断电源，拔下控制导线插头，用万用表电阻挡测量水位开关插片间的电阻值来判断是否导通，若不导通则问题出在水位开关；若导通则水位开关正常，则检查电脑板是否有问题。如图 5-36 所示为电脑板与水位开关。

故障处理：本例查为水位开关有问题，其使控制电路总处于水已加到位的状态，从而导致此故障。更换水位开关后故障排除。

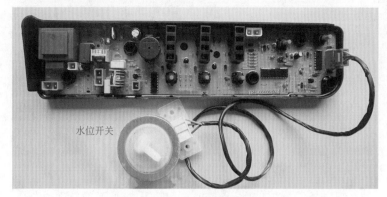

水位开关

图 5-36　电脑板与水位开关

提示：

　　若控制板有问题，控制电动机通断的晶闸管击穿了，一般会使电动机只往一个方向转。

二、美的 MB65-5026G 波轮全自动洗衣机通电后进水不停

　　维修过程：首先检查进水阀是否有问题，如是否存在进水阀阀芯被杂物卡住、复位弹簧锈蚀、阀门老化破裂、进水阀的阀座有毛刺或粘有异物、阀门中心孔破裂或不平整等问题；若进水阀正常，则检查水位开关是否有问题；若水位开关正常，则检查与水位开关相连接的压力管是否磨损破裂，或压力管与水位开关及外桶气嘴是否接触不良或脱开而引起漏气，外桶底部是否有异物堵住气嘴口；若以上检查均正常，则检查电脑板是否有问题。进水阀与电脑板如图 5-37 所示。

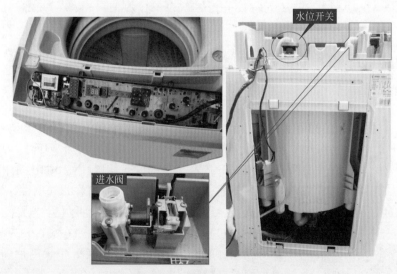

水位开关

进水阀

图 5-37　进水阀与电脑板

故障处理：此故障多数是由于进水阀短路烧坏电脑板，更换进水阀与电脑板即可。

提示：

插上电就进水一般是电脑板上的晶闸管损坏所导致的，换晶闸管管子时最好把进水阀也换掉；换电脑板之前一定要重点检测进水阀的电阻是否正常（范围应在 5kΩ 左右才正常），否则应进行更换。

三、美的 MB70-X6009G 波轮全自动洗衣机脱水时波轮转，内桶不转

维修过程：引起此故障的原因有皮带老化松动，电动机不转，排水牵引器没有把离合器拉开，离合器损坏，电脑板有问题。进入脱水程序时在电动机转动时，看下排水牵引器，发现进入排水过程时，有"嗒嗒嗒嗒"的声音，但不动作；把引线拔下测引线上有 220V 电压，说明电脑板输出是正常，故判定问题出在排水牵引器上。如图 5-38 所示为排水牵引器。

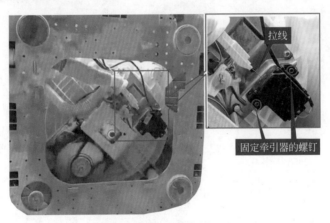

图 5-38 排水牵引器

故障处理：更换排水牵引器后故障排除。

提示：

更换排水牵引器时，首先断掉电源，再将插件拔下；然后用内六角螺丝刀将固定牵引器的两颗螺钉拧下，把拉线取下，然后把线剪掉，更换新的排水牵引器。

四、美的 MB70-X6009G 波轮全自动洗衣机脱水时撞桶

维修过程：首先检查洗衣机内部的四根吊杆是否有问题（如图 5-39），如长度

是否一致、弹力是否一样等，必要时则要及时调整或是更换新的弹簧；若吊杆正常，则检查脱水桶顶部的平衡圈是否有漏液或是破损；若平衡圈正常，则观察脱水开始的时候"波轮跟内桶"转动是否同步，不同步则是离合器没有拉开，内外桶没有分离；若波轮跟内桶是同步的，则检查内筒固定螺钉是否松动。

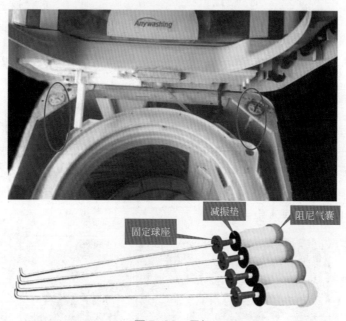

图5-39　吊杆

故障处理：实际维修中因吊杆弹簧没弹性、生锈造成此故障比较常见，更换四根吊杆即可。

提示：

四根吊杆分别为三根蓝色、一根黄色，黄色的安装在距离电动机最近的角，其余的随意安装在另外三个角即可。

五、美的MG60-1203E（S）变频滚筒洗衣机运转无力

维修过程：此类故障重点检查电动机与传动带。主要检查传动带是否磨损、电容器是否正常、控制电动机的晶闸管是否损坏、电脑板是否有问题、电动机（如图5-40）本身是否有问题。

故障处理：实际维修中因传动带磨损较常见，传动带磨损可以调整电动机的位置，拉紧传动带，但如果传动带磨损太严重应更换传动带。

图 5-40　美的 MG60-1203E（S）变频滚筒洗衣机电动机

✅ 提示：

　　若放置的衣物较多，超过洗衣机的最大容量，也会出现类似的状况，另外维修时一定注意断电。

六、美的 MG70-1006S 滚筒全自动洗衣机刚通上电即自动断电

　　维修过程：出现此故障时，首先检查电源插头与插座接触是否良好，电源开关是否有问题；若正常，则检查洗衣机是否存在短路或漏电，如火线与零线是否存在相碰、内部电源线是否短路等；若线路正常，则检查电脑板是否有问题。电脑板如图 5-41 所示。

图 5-41　电脑板

故障处理：实际维修中因电脑板进水或受潮引起此故障较常见，用电吹风对电脑板进行干燥处理，若不行则更换电脑板。

✓ 提示：

怀疑洗衣机存在短路或漏电时，应重点检查内部电源线接头处和容易被水沾到的地方。

七、美的 MG70-1031E 滚筒洗衣机不能脱水

维修过程：出现此故障时，首先检查排水系统是否堵塞，如排水筒里面的洗涤液排不出去、盛水管道中洗衣液的泡沫太多等；若排水系统正常，则检查水位开关是否有问题，可用万用表电阻挡测量水位开关的常闭触点是否接通，若触点不通，则水位开关没有复位；若水位开关正常，则检查电动机插头是否松脱、电动机是否有问题等；若电动机正常，则检查是否衣物过多或堵转等原因，促使电动机发热，电动机热保护器动作阻止洗衣机脱水；若以上检查均正常，则检查电脑板是否有问题。电脑板、电动机及排水系统如图 5-42 所示。

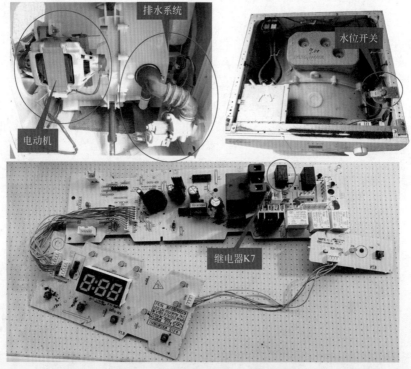

图 5-42　电脑板、电动机、排水系统

故障处理：本例查为电脑板上继电器 K7 不良而造成此故障，更换 K7 后故障排除。

✅ 提示：

通电后，电动机有"嗡嗡"声响而不转动，则可能是电动机匝间短路或损坏，或电容器没接入电动机回路；此时应切断电源，卸下电动机皮带重新启动；若电动机仍然不转或转速低，则是电动机故障。

八、小天鹅 TB55-Q8168H 波轮全自动洗衣机，按启动不能进水，直接就洗涤，调至脱水程序时能排水但不能脱水

维修过程：当水位开关或水位检测电路有问题均会引起此故障。首先检查水位开关接插件接触良好，试更换水位开关后故障依旧，故判定故障在电脑板上水位检测电路（如图 5-43）。检测控制水位的集成电路 IC3（CD4069）及其外围元件，发现电容 C11 漏电短路，使水压频率值传入到 CPU，从而导致此故障的发生。

图 5-43　电脑板

故障处理：更换电容 C11 后故障排除。

✅ 提示：

当水位发生变化时，水位开关输出的振荡频率也会相应变化，CPU 根据信号频率来判断水位高低，然后发出相应的动作指令；若 CPU 没有接收到水位开关的脉冲信号，CPU 就会发出报警指令。

九、小天鹅 TB60-3088IDCL 变频波轮洗衣机显示代码 C8

维修过程：C8 为驱动板与控制板通信错误。主要检查以下几个部位：电脑板到电动机驱动板间所有通信线和连接线是否接触良好或脱落；电脑板上电源和通信线的电压和信号是否正常；电动机驱动板侧电源和通信线端电压和信号是否正常。

电气接线如图 5-44 所示。

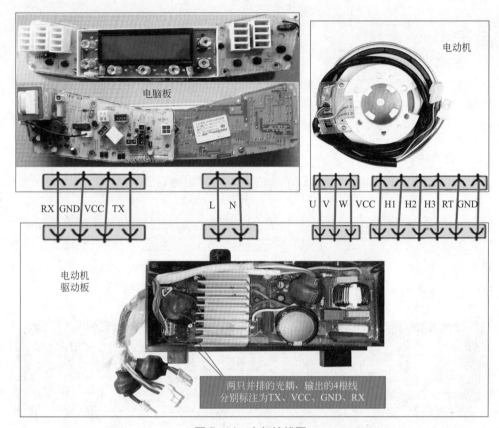

图 5-44 电气接线图

故障处理：本例查为电脑板上电阻 2R47（47Ω）开路，造成电脑板无法发送信号（TX）给驱动板，从而导致此故障的发生，更换电阻 2R47 后故障排除。

✅ 提示：

C8 表示主控板检测不到变频器的通信信号。该故障可能是线束不良或变频器不良，也可能是主控板故障造成的。检修时应首先对线束进行检查并重新插接，若故障依然存在，则考虑更换变频器或主控板。

十、小天鹅 TB75-J5188DCL 波轮洗衣机能进水，但不能洗涤与脱水，并显示代码 F4

维修过程：F4 代码为电动机的通信故障，重点检查电脑板与电动机（如图 5-45）。

首先检测变频电动机线电压正常，再检测电脑板，发现光耦 IC6（817）④脚电压失常，经查为光耦 IC6 与电解电容 E5 损坏。

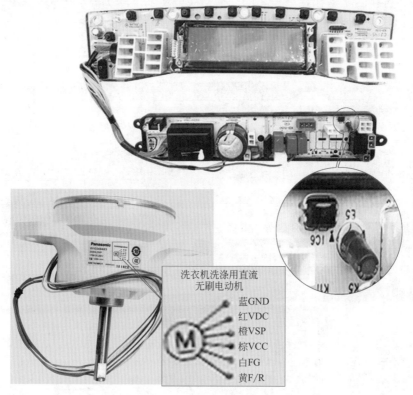

图 5-45 电脑板与电动机

故障处理：更换光耦 817 与电容 E5 后故障排除。

✅提示：

该机实测变频电动机 6 根接线端子的电压：红－蓝 310V，脱水状态下，棕－蓝为 15V，白－蓝为 1.7V，黄－蓝正反为 0V，橙－蓝为 3V；洗涤状态下：白－蓝为 4～12V 波动（在 8V 上下波动），黄－蓝线为 0V/4V（电动机转一下为 4V，再转一下为 0V，反复循环），橙－蓝为 0～4V 波动；只按下电源键未按开始键，测棕－蓝为 15V，白－蓝为 15V，黄－蓝为 3.8V，橙－蓝为 0V。

十一、小天鹅 TG70-1411LPD（S）变频滚筒洗衣机，洗涤与脱水时滚筒不转，且显示代码 E64

维修过程：显示 E64 代码为变频器通信故障，当变频电动机、驱动板

（302430700084）、主板（301330800022）、连接线束有问题时均会引起此故障。首先检查主板与变频电动机驱动板之间的连接线路及插座正常，则排除线路有问题的可能；再检测驱动板跟主板之间的通信线电压、电动机驱动板侧电源和通信线端电压，发现驱动板与主板之间的通信电压失常，经查为驱动板的开关电源块TNY276PN损坏。驱动板与主板如图5-46所示。

图 5-46　驱动板与主板

故障处理：更换电源模块 TNY276PN 后故障排除。

✅提示：

通信线是由主板发给驱动板，驱动板再反馈给主板，这样循环工作；在设定的时间内，驱动板没有收到主板发来的信号就会发出警报；同理，在设定的时间内，主板没有收到驱动板反馈回来的信号也会发出警报。

十二、小天鹅 TG70-1411LPD（S）变频滚筒洗衣机门锁不上，显示代码 E30

　　维修过程： E30 代码为门未合上。首先检查洗衣机门是否关好、是否有衣服或其他杂物被门压住现象从而导致门无法锁闭，检查门钩是否完好，使劲按住关门是否能锁上；若门已关好，则检查洗衣机插座地线及插座零、火线位置是否接错（一般是左零右火）；若接线正确，则检查门锁接线端子是否存在接触不良或门锁脱落；若门锁无脱落、接线端子也接触良好，则检查门锁（如图 5-47）本身是否处于损坏的状态；若门锁正常，则检查电脑板上的门锁反馈电路是否有问题。

图 5-47　门锁

　　故障处理： 本例为门锁故障导致，更换门锁即可。

✅ **提示：**

　　对损坏的电脑板进行更换时，要注意保护与电脑板连接的线路，不要损坏到这些线路的连接，更换电路板时对于取下的线路也要进行牢固的连接，不要让洗衣机在使用的时候出现线路断开的现象。

十三、小天鹅 XQB52-2088 型全自动波轮洗衣机进水不止

维修过程：出现此类故障应按以下步骤进行判断，首先检查电磁进水阀是否损坏，若电磁进水阀正常，则检查水位传感器与电脑板的导线是否断路或接触不良；若导线良好，则检查空气管路系统是否漏气或堵塞；若空气管路良好，则检查盛水桶是否破裂；若盛水桶正常，则检查排水牵引器是否损坏；若排水牵引器正常，则检查排水阀是否损坏；若排水阀正常，则检查电脑板（如图 5-48）。

图 5-48 电脑板

故障处理：本例查为电脑板上控制进水阀的晶闸管击穿损坏，而引起通电后进水阀上始终有 220V 电源供电，CPU 输出的控制指令不能断开进水阀的电源，进水阀始终得电吸合，从而造成此类故障，此类故障较常见。更换同型号晶闸管或电脑板即可排除故障。

✅提示：

打开电源，没有按启动就进水一般是进水阀损坏，导致电脑板烧坏，需进水阀与电脑板同时更换才能解决故障，单独换进水阀，电脑板有可能被烧坏。

十四、小天鹅 XQG65-908E 滚筒洗衣机进水不止

维修过程：出现此故障时，首先检查排水管出口是否放置过低、是否出现排水虹吸现象；若正常，则检查电脑板是否有问题；若电脑板正常，则检查水位传感器（水位开关）压力气管是否磨损破裂或压力气管与水位传感器及外桶气嘴是否存在接触不良或脱开而引起漏气；若均正常，则检查是否有异物堵住气嘴口。水位传感

器及压力气管如图 5-49 所示。

故障处理：本例查为水位开关与桶之间的透明塑料管（压力气管）在水位开关口处脱落，使得水位开关不能动作，从而导致此故障的发生，将压力气管与水位开关接口重新装好即可。

✔提示：

水位开关漏气、水位开关常开和常闭触点接触不良，不能控制进水，其结果和压力气管脱落一样，可用万用表的电阻挡测量水位开关上的常闭触点是否断开；若水位已到，两触点仍处于接通状态，则说明水位开关失控，应更换或调整水位开关。

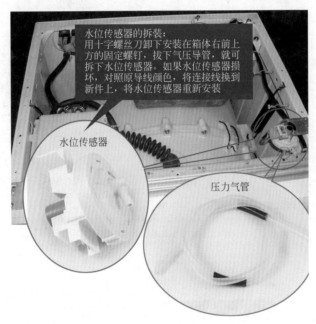

图 5-49　水位传感器及压力气管

十五、小天鹅 XQG65-908E 滚筒洗衣机门锁打不开，显示 E31

维修过程：代码 E31 为门锁打不开。当门锁机械有故障和电脑板有"死机"的故障均会引起门锁打不开。首先关闭洗衣机总电源，稍后再开门，若仍不能打开，则检查门锁是否失灵、门锁电路是否有问题。门锁如图 5-50 所示。

故障处理：实际维修中因门锁损坏较常见，更换门锁即可。

✔提示：

①因洗衣机内有电子线路，有些故障类似于电脑的死机，当关闭电源，稍后让其

电路中的余电（电容）放光，再通上电，就能让电路复位到默认值；②手动打开洗衣机的门，一般滚筒洗衣机的右下方都有一个隐蔽的应急维修门，使用螺丝刀插进门上面的狭缝中，轻轻地往外撬，就能打开应急维修门。

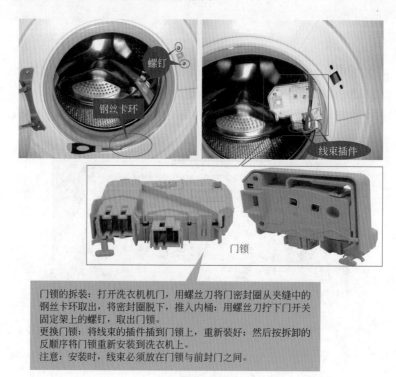

门锁的拆装：打开洗衣机机门，用螺丝刀将门密封圈从夹缝中的钢丝卡环取出，将密封圈脱下，推入内桶；用螺丝刀拧下门开关固定架上的螺钉，取出门锁。
更换门锁：将线束的插件插到门锁上，重新装好；然后按拆卸的反顺序将门锁重新安装到洗衣机上。
注意：安装时，线束必须放在门锁与前封门之间。

图 5-50　门锁

十六、小天鹅 XQG65-958ES 滚筒洗衣机通电后显示 E33，按键无反应

维修过程：E33 为水位传感器故障。首先检查水位传感器是否有问题，测量线圈阻值为 32 Ω，正常，测谐振电容 203 也正常，故初步排除水位传感器有问题的可能，重点检查主板水位检测的谐振电路中振荡 IC 及其外围元件（如图 5-51）。

故障处理：本例查为振荡 IC 外围二极管 D21 不良所致，更换二极管 D21 后，再上电开机（大旋钮置于任何挡，除 OFF 挡外），30s 内连续按 2 次"转速"+"超强功能"（即：转速→超强功能→转速→超强功能）进入服务模式后机器显示屏会显示 3 条横杠，然后及时将旋钮置于关闭位置，便完成代码清除；重新开机，洗衣机恢复正常。

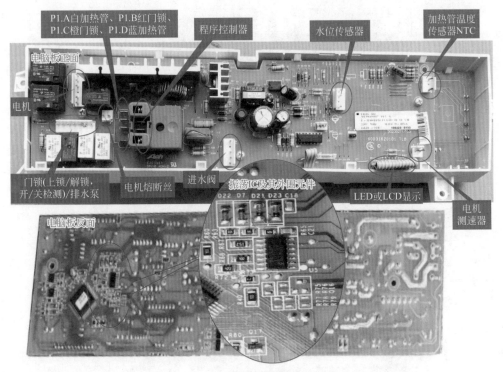

图 5-51 主板

✅ 提示:

①水位传感器里面其实就一个可活动条形磁体、一个电感线圈和一个 203 左右谐振电容,它与电路板相关元件组成一个 LC 振荡电路,通过气压大小改变插入线圈中磁体有效体积来改变其电感量,从而改变振荡电路频率,主控芯片通过检测频率大小来测量水位高低;②该系列洗衣机出现故障后,更换损坏件,还必须得进入工厂模式消除故障代码才能正常使用,否则更换了坏件也同样解决不了问题。

第四节　三洋洗衣机故障维修

一、三洋 DG-F6026BS 滚筒洗衣机滚筒只能单向旋转

维修过程:出现此故障时,首先检查电动机控制导线是否正常,如电动机控制导线或其插头、插座接触不良或松脱,会引起电动机只能往一个方向转;若电动机正常,则检查主控板部分,如检测晶闸管前端的驱动管基极电压及晶闸管等。主控板如图 5-52 所示。

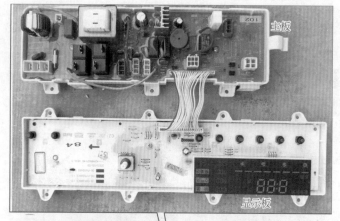

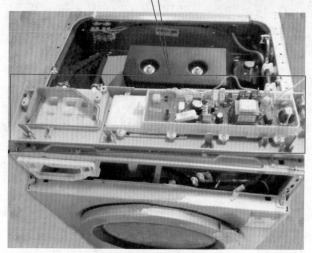

图 5-52   主控板

故障处理：本例查为主控板上晶闸管损坏所致，更换晶闸管即可。

✅ 提示:

判断晶闸管是否损坏，可以把控制电动机正反转的两根线互换一下，若朝另一个方向转了，才是晶闸管损坏；因电路板是注胶的，更换晶闸管有点麻烦，故一般换整块电路板。

二、三洋 DG-F6031W 滚筒洗衣机通电后无任何反应

维修过程：出现此故障时，首先检查供电是否正常，如插头与插座存在接触不良、电源线是否正常等；若供电正常，而洗衣机操作面板上所有指示灯均不亮，则判断问题出在电源控制部分。拆开洗衣机，检查内部的控制电路板上保险器件是否

烧黑断路；若保险器件正常，则检测电源板上是否有交流 220V 电压；若有 220V 电压，则逐个检查电源控制部分电源芯片 IC7（OB2212AP）、D1 ～ D4、C15、C20、Q1、变压器 T1 等元件。图 5-53 所示为电脑板与显示板。

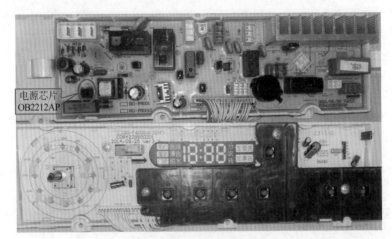

图 5-53　电脑板与显示板

　　故障处理：本例查为电源芯片 OB2212AP 损坏所致，更换 OB2212AP 即可。

提示：

　　OB2212AP 的①脚为内部栅极驱动电源，②脚为 IC DC 电源输入，③脚为反相误差放大器输入，④脚为电流检测输入，⑤⑥脚为 MOSFET 漏极，⑦⑧脚接地，其典型应用电路如图 5-54 所示。

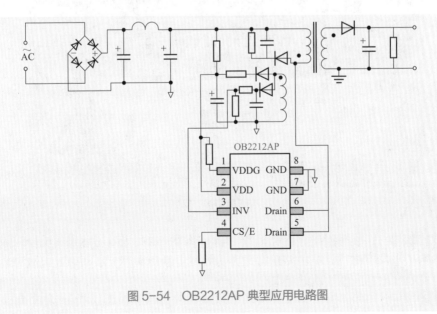

图 5-54　OB2212AP 典型应用电路图

三、三洋 XQB50-M805Z 波轮全自动洗衣机不脱水，强洗、羊毛、毛毯灯闪烁并报警

维修过程： 此类故障重点检查水位传感器与电脑板。主要检查水位传感器及其插件是否有问题，电脑板是否有问题。

故障处理： 实际维修中因水位传感器插件的插针插片锈蚀较常见，将锈蚀清除干净或更换水位传感器即可。

✅ **提示：**

①维修时不但要检查各配件，也要注意检查各接插件；②排水阀拉开到位之后报警，是安全门开关拉索的问题；拉开没到位就报警，则是电脑程控器的问题。

四、三洋 XQB50-M805Z 波轮全自动洗衣机通电后按开始键没进水就直接进行洗涤，排水正常，但无法脱水

维修过程： 出现此故障时，首先检查水源问题，当水源无问题，则听进水阀是否有进水的电磁声（"嗡嗡"响的声音）；若无电磁声，说明电磁阀没工作，则检查电磁阀到电脑板上的线路是否有问题，测电磁线圈上的供电是否正常，若正常则说明进水阀本身有问题；若进水阀正常，则检查水位传感器是否有问题；若水位传感器也正常，则问题出在电脑板（如图 5-55）。

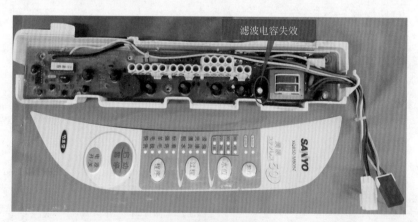

滤波电容失效

图 5-55　电脑板

故障处理： 实际维修中，因电脑板上输入级滤波电容失效导致输出电压纹波增大，影响了水位检测的谐振电路正常工作，导致电脑板误判，从而引起此故障较常见。更换滤波电容或整块电路板即可。

✅ 提示：

①维修时要注意排查外部情况，如电压、水压等；②打开电源没有按启动就进水一般是进水阀损坏，导致电脑板烧坏，需要进水阀跟电脑板同时更换才能解决故障，单独换电脑板还是会烧坏。

五、三洋 XQB50-M855N 波轮全自动洗衣机脱水时发出较大异响声

维修过程：出现此故障时，首先检查洗涤脱水桶是否水平，四根吊杆组件（如图 5-56）安装是否牢靠；若正常，则检查皮带是否过紧或过松；若正常，则检查吊杆是否脱落、吊杆弹簧是否错位，使洗衣桶支承不平衡；若正常，则检查减速离合器输入轴与轴承之间的配合间隙是否过大。

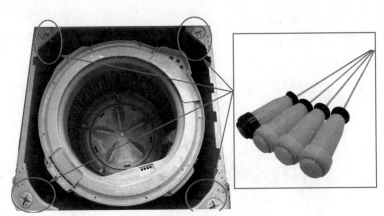

图 5-56　吊杆组件

故障处理：本例查为吊杆弹簧套与滑动皮碗之间摩擦发出异响，此时在摩擦处加注润滑油或润滑脂即可。

✅ 提示：

拆开洗衣机面架，拧下两侧与后侧的两个螺钉，拿起面架即可看到四根吊杆，直接拆下即可。

六、三洋 XQB50-Y807SJ 波轮全自动洗衣机脱水异响

维修过程：此类故障重点检查离合器与电动机。主要检查传动带是否松了，离合器是否有问题（如密封圈磨损漏水到轴承里而生锈），拆下内桶看桶内是否有异

物，扭矩电动机（排水电动机）是否有问题。

故障处理：本例查为固定扭矩电动机螺钉固定脚断裂，较常见，重新更换即可。

提示：

当出现异响时，应仔细听声音来自哪里，才能作进一步判断。

七、三洋 XQG60-L832BCX 变频滚筒全自动洗衣机运转时振动大

维修过程：首先检查洗衣机后板上的四颗运输螺栓是否全部取下，若运输螺栓已全部取下，则检查洗衣机的地脚螺钉是否调平、洗涤的衣物分布是否均匀；若正常，则检查洗衣机的电动机泡沫支撑块是否取出；若正常，则检查洗衣机底部支撑外桶的减振器是否有问题（如紧固减振器的螺母未拧紧使减振器从孔中脱出等）；若减振器正常，则检查洗衣机配重块的紧固螺钉是否松动。

故障处理：此例为减振器（如图5-57）插销口变细导致插销移位，可用平口螺钉旋具撬开销口，重新插入即可。

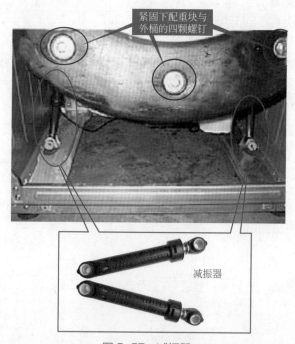

图 5-57   减振器

提示：

滚筒洗衣机的滚筒上面靠四根弹簧悬挂，下面靠两个弹性支撑减振器支撑，其中一个有问题都会使洗衣机振动大，移位大。

八、三洋 XQG62-L703HC 滚筒洗衣机不进水，显示 E11

维修过程：出现此故障时，首先检查水龙头是否打开，水龙头打开，则检查进水阀口是否堵住；若进水阀口正常，则检测电脑板的白色 6 芯端子（如图 5-58），在进水阀工作时橙 - 灰线间是否是 0V 电压，在进水阀不工作时橙 - 灰线间是否有 220V AC 电压；若是，则问题出在进水阀；否则问题出在电脑板。

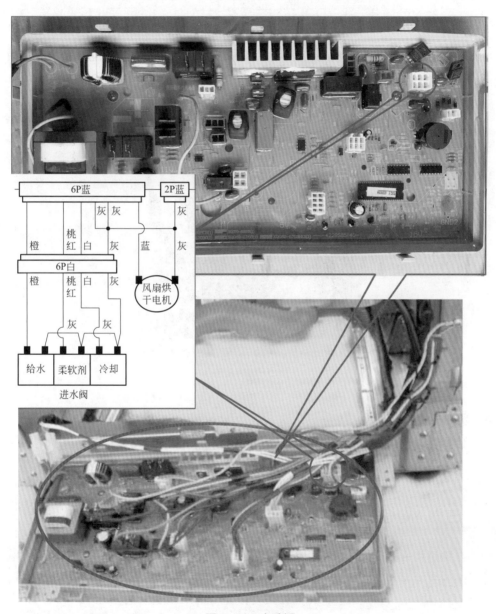

图 5-58　电脑板

故障处理：本例查为电脑板上晶闸管不良所致，更换晶闸管后故障排除。

✅提示：

①E11 代码为进水异常，进水 20min 没有达到设定水位；②进水阀短路烧坏电脑板比较少见，但电脑板已烧坏而进水阀依然短路时就应慎重换件。

九、三洋 XQG62-L703HC 滚筒洗衣机脱水时显示 U3

维修过程：首先检查电脑主控板、线束是否正常，若更换电脑主控板、线束后故障依旧，则检查传动部分是否有问题；若传动部分正常，则检查串励电动机是否有问题。

故障处理：本例查为皮带（如图 5-59）使用时间过长造成皮带拉长，使皮带拉力产生偏差影响脱水转速，从而显示 U3 报警。更换皮带后故障排除。

图 5-59　皮带

✅提示：

U3 代码为脱水偏心异常，在最终脱水时，经过 3 次调整，仍然检测偏心值大于 12。

十、三洋 XQG65-F1028BS 全自动滚筒洗衣机反复洗涤

维修过程：出现此故障时，首先按下洗衣机的启动暂停按键，关闭洗衣机的电源，然后重新接通洗衣机的电源，重新设置洗衣程序，再启动洗衣机看是否正常；若洗衣机故障依旧，则检查操作按键是否存在短路、断路；若按键正常，则问题出在电脑板（如图 5-60 所示）。

图 5-60 电脑板

故障处理：本例查为电脑板上的控制电路有问题，从而导致此故障，更换电脑板即可。

提示：

更换电脑板前，检查电脑板的故障原因，用万用表检测进水阀、排水阀、电脑板是否存在短路及电压是否正常，以免烧坏电动机；在正常情况下才能换主板。

十一、三洋 XQG80-L1088BHX 滚筒洗衣机显示代码 EC6 报警，不能第二次烘干

维修过程：引起此故障的原因有线束存在问题，温控器不良，电脑主控板有问题，风扇烘干电动机有问题。

故障处理：本例查为风扇烘干电动机（如图 5-61）轴不良，没有了惯性，温度过高，引起温度保护器保护，从而导致此故障。更换风扇烘干电动机后故障排除。

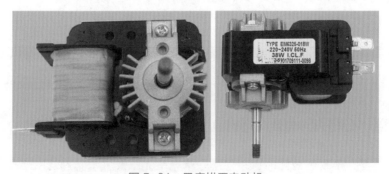

图 5-61 风扇烘干电动机

提示：

　　EC6 代码为烘干加热器异常工作，关闭烘干加热器之后，连续 4s 检测到烘干加热器工作。

第五节　海信洗衣机故障维修

一、海信 XQB65-V3705HD 波轮全自动洗衣机脱水时波轮转，脱水桶不转

　　维修过程：出现此故障时，首先检查排水牵引器是否动作；若排水牵引器没动作，则检查排水牵引器及电脑板是否有问题；若排水牵引器正常，则说明问题出在离合器（如离合器棘爪未打开，离合器方线扭簧生锈、磨损，电磁铁烧毁引起离合器棘爪不能打开等）。电动机离合器组件如图 5-62 所示。

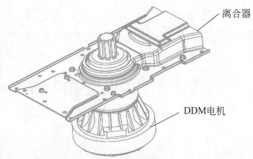

图 5-62　电动机离合器组件

　　故障处理：本例查为离合器方线扭簧生锈、磨损使方线扭簧直径变大，无法抱紧制动轮带动脱水桶运转，更换方线扭簧或者离合器即可。

提示：

　　脱水运转靠方丝离合弹簧传递转矩，若方丝离合弹簧不良，则会引起不能脱水或脱水异常。

二、海信 XQB75-V3705HD 波轮全自动洗衣机不进水

　　维修过程：出现此故障时，首先排除水龙头无水及进水阀过滤网堵塞，再按下

启动按钮，检测进水阀二插头间电压是否在 187V 以上；若电压在 187V 以上，则查进水阀插头是否松脱、进水阀本身是否有问题；若电压在 187V 以下，则查电脑板是否有故障。

故障处理：实际维修中因进水阀引起此故障较常见，若拔出进水阀过滤网进行清洁，故障依旧，则是进水阀阀芯卡死无法打开，此时应更换进水阀。

✅ 提示：

进水阀的拆卸（如图 5-63），用螺丝刀将固定进水阀组件的螺钉拧下，然后拔掉线束插头；拧下固定皂盒组件的两颗螺钉，稍微向上旋转组件，即可轻轻向外拉出进水阀。

拧下固定进水阀组件的螺钉

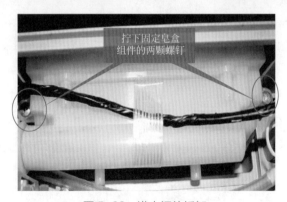

拧下固定皂盒组件的两颗螺钉

图 5-63 进水阀的拆卸

三、海信 XQB75-V3705HD 波轮全自动洗衣机进水不止

维修过程：出现此故障时，首先检查是否为进水阀阀芯卡住，通电打开后无法复位而引起进水不止；若进水阀正常，则检查水位传感器（如图 5-64）是否有问题；若水位传感器正常，则检查压力管是否磨损破裂或压力管与水位开关及外桶气嘴接触不良或脱开引起漏气而导致此故障；若以上检查均正常，则问题出在电脑板。

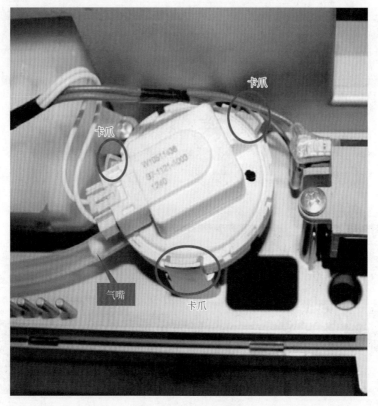

图 5-64　水位传感器

　　故障处理：实际维修中因长时间使用后有异物堵住气嘴口，导致压力无法传到水位传感器从而导致此故障较常见，把堵住气嘴的异物取出即可。

✅提示：

　　水位传感器的拆卸，将固定水位传感器的 3 个卡爪稍稍向外侧用力掰开，即可卸下水位传感器。

四、海信 XQG60-X1001 滚筒洗衣机脱水时振动大

　　维修过程：出现此故障时，首先检查所洗的衣服重量是否超过洗衣机能够承受的重量；若没有，则检查洗衣机摆放是否不平而造成振动，或摆放的四周空间不足造成共振；若摆放正常，则检查洗衣机底部是否垫有木架之类的物品而造成共振；若没有，则检查减振器是否损伤而造成振动过大；若减振器正常，则检查电动机是否有问题。减振器如图 5-65 所示。

　　故障处理：本例查为减振器出现问题而造成此故障，更换减振器即可。

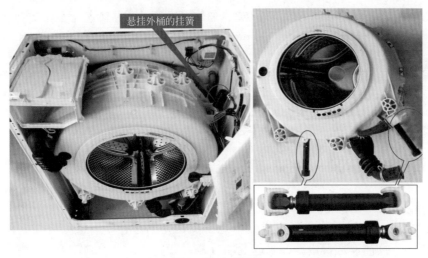

悬挂外桶的挂簧

图 5-65　减振器

✓提示：

　　悬挂外桶的挂簧有的脱落或弹性相差很大，使外桶偏挂于一边，底部支承外桶的两只减振器松动，应拧紧紧固减振器的螺母，使减振器不从孔中脱出（紧固螺母应使用自锁螺母）；减振器的好坏主要是检查它靠弹簧一端是否能伸缩自如、阻尼是否完好，两只减振器的弹力是否差不多。

五、海信 XQG90-A1280FS 变频滚筒全自动洗衣机指示灯不亮，无显示、按键无反应

　　维修过程：此类故障重点检查电源、程控器。主要检查电源插头与插座接触是否良好、电源开关是否正常，滤波器（如图 5-66）输出电压变化是否正常，程控器是否损坏。

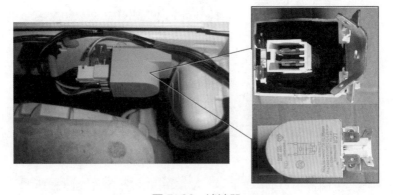

图 5-66　滤波器

故障处理：实际维修中因滤波器（RFI）开路而造成故障较常见，更换滤波器即可。

提示：

滚筒洗衣机滤波器（干扰抑制器）的作用滤噪器也叫电源滤波器，它安装在滚筒式洗衣机的电源电路中，其作用就是减少电源干扰。

六、海信 XQG90-A1280FS 变频滚筒洗衣机进水后不洗涤

维修过程：出现此故障时，首先检查电压是否过低，电压过低，则升压或待电压正常后再使用；若电压正常，则检查皮带是否过松；若皮带正常，则检查电动机端子接插件是否松动，测速电动机是否有信号，定子或转子是否断路，电动机控制导线端子是否脱落或松动，电动机驱动板是否有问题。电动机如图 5-67所示。

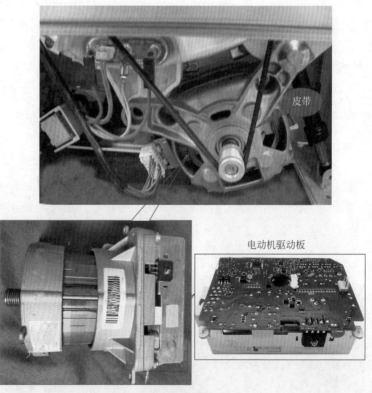

图 5-67　电动机

故障处理：本例查为皮带松动所致，调整电动机位置并紧固皮带。

测试皮带松紧度的方法是，用两个手指分别压住皮带上下侧并向中间挤压，感觉有点可以捏动皮带时，就说明松紧程度到位了；若感觉太紧或太松，则拧松螺钉，用手转动电动机重新调整，然后使用相同办法检测。

七、海信 XQG90-A1280FS 滚筒洗衣机显示 F23

维修过程：出现此故障时，首先检查电压是否正常，当电压过低或过高会对程控器信号产生影响；若电压正常，则检查水位开关及导气管是否良好，水位开关不良会造成信号传输不正确；若水位开关正常，则检查水位开关的相关线束、端子连接是否良好；若水位开关连接线路及端子均正常，则检查程控器是否有问题造成信号不能正确采集。水位开关如图 5-68 所示。

图 5-68　水位开关

故障处理：本例查为水位开关不良所致，更换水位开关即可。

① F23 代码为水位开关故障或水位开关连接线路故障；②判断水位开关是否有问题，可用嘴向水位开关内吹气，若能够明显察觉到水位开关动作，说明水位开关内部正常。

八、海信 XQG90-A1286FS 滚筒洗衣机不能工作，且混合洗、超快洗、单脱水等几个功能无字符显示

维修过程：根据现象判断故障在电脑板（如图 5-69），本着先软件后硬件的原

则，首先检测电脑板上程序存储器是否正常；若存储器正常，则检查单片机是否有问题。

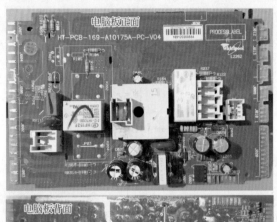

图 5-69　电脑板

故障处理：本例查为程序存储器（41288WP）读写数据错误或丢失所致，将存储器重新写入数据后故障排除。

💡提示：

在对该机的存储器写入数据前，需核对数据所对应的机型、主板型号是否与待修机一致，若不一致，机器会出现新的故障。

第六节　松下洗衣机故障维修

一、松下 XQB60-Q651U 波轮自动洗衣机进入脱水程序后就报警，显示 U12，不脱水

维修过程：出现此故障时，首先看脱水程序灯是否亮，同时听排水阀是否动

作，门盖上的磁铁磁性是否完好，上盖是否盖好；若以上检查均正常，则检查上盖处的门开关（微动安全开关），此开关坏了或输入回路有问题就不能启动电动机脱水。在门开关断开时，测得该开关两端有 4V 电压，关上门后电压为 0V，说明门开关和连线正常，故判断问题出在电脑板。

故障处理：本例查为电脑板上干簧管内触点接触不良，用导线短接干簧管的两个引脚（如图 5-70）后试机，故障排除。

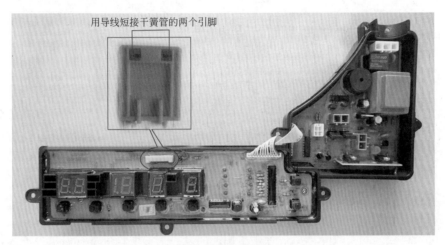

图 5-70 干簧管

✅ 提示：

U12 代码为门未关好或门开关有问题。

二、松下 XQB42-P441 全自动波轮洗衣机进入脱水程序时排水电动机有排水动作，但不脱水

维修过程：当出现此故障时应检查门开关接触是否良好，门盖上的磁铁磁性是否完好，干簧管是否正常，门开关到电脑板的连线是否正常，电脑板是否有问题。

故障处理：找块小磁铁，放在干簧管上面试机，发现干簧管一直处于断路状态，试用一段导线短接干簧管的两个引脚后试机（如图 5-71），故障排除。

✅ 提示：

干簧管装在洗衣机电脑控制板上，与装在洗衣机门盖前端的磁体配合，当洗衣机门盖闭合时，磁体靠近干簧管，干簧管导通；当洗衣机门盖打开时，磁体远离干簧管，干簧管内触点断开。

用导线短接干簧管的两个引脚

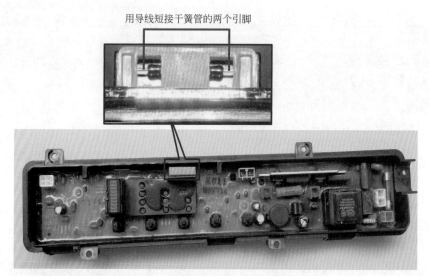

图 5-71   用导线短接干簧管的两个引脚

三、松下 XQB65-QA6321 波轮全自动洗衣机不排水

维修过程：此类故障重点检查排水相关部分。主要检查排水管道是否堵塞、连接排水的部分是否脱落，排水电动机或牵引机构是否有问题，水位传感器是否故障而不能提供给电脑板关闭排水的信号，电脑板排水驱动或信号输出部分是否有问题而不能关闭排水电磁阀。排水牵引器如图 5-72 所示。

图 5-72   排水牵引器

故障处理：该机拔掉输出插接端子后通电进行设定再开机，检测电脑板对应排水端子均有 220V 电压输出，但检测排水电动机的端子检测电阻均为无限大，故判定故障在排水牵引电动机，更换同型号排水牵引器后故障排除。

✅ 提示：

　　该机排水牵引器采用二线（二线的牵引器一般用在普通式的洗衣机中，三线的牵引器常用在双动力或手搓式洗衣机中），接线不分正负，只要接在控制板输出到牵引器的那两根线上即可。

四、松下 XQB65-QA6321 波轮全自动洗衣机工作时未达到设定水位就停止进水

　　维修过程：此类故障重点检查进水相关部分。主要检查水源是否正常、进水过滤网是否被异物堵塞、水位压力开关是否正常（控制弹簧弹力太小或失去弹性、凸轮上凹槽磨损严重或损坏等）、电脑板是否异常。进水阀与水位压力开关如图 5-73 所示。

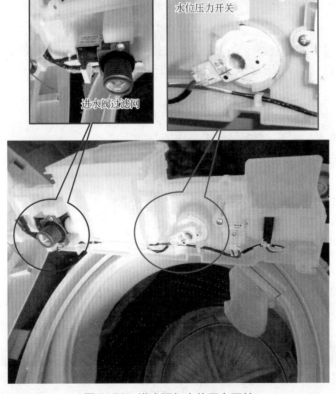

图 5-73　进水阀与水位压力开关

　　故障处理：实际维修中因水位压力开关弹簧弹力太小或失去弹性，维修时只需调节螺钉增加水位控制弹簧的预压缩量，或更换水位控制弹簧即可。

提示：

　　此故障是因水位压力开关（水位传感器）的性能不良导致的，当集气室内空气压力尚未达到规定压力时，其触点便提前由断开状态转换为闭合状态而停止进水。

五、松下 XQG60-M6021 滚筒全自动洗衣机不进水

　　维修过程：此类故障重点检查进水相关部分。主要检查水龙头是否打开、进水管连接口处的过滤网是否堵塞，进水阀过滤网是否有问题，滚筒中有水时水位频率是否超过 26.2kHz、进水阀是否正常，电脑板是否有问题。

　　故障处理：实际维修中因进水阀上的过滤网（如图 5-74）有杂质堵塞造成故障较常见，清除堵塞物即可。

进水阀上的过滤网

图 5-74　进水阀上的过滤网

提示：

　　在滚筒中有水且水位频率超过 26.2kHz 时，需检查气囊和软管是否阻塞。如果再次检查水位频率时，水位频率依然超过 26.2kHz，则需更换压力开关。

第七节　其他品牌洗衣机故障维修

一、LG WD-A12115D 变频滚筒洗衣机不烘干

　　维修过程：出现此故障时，应检查烘干加热管（如图 5-75）是否损坏或其控

制回路是否断开，烘干温控器是否不良，烘干风机是否堵转或损坏，电脑板是否有问题。

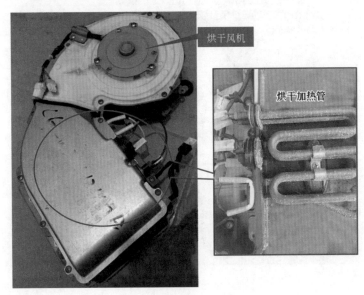

图 5-75 烘干加热管

故障处理：本例查为烘干加热管损坏造成此故障，更换烘干加热管即可。

提示：

滚筒洗衣机的烘干功能是利用冷凝式烘干方式，进水后洗衣机把空气加热成为不饱和的蒸汽，不饱和蒸汽进入桶中，把衣物所含水分带走排出，通过冷凝道再液化，反复如此工作。

二、格兰仕 XQG60-A708C 滚筒洗衣机工作时声音很大

维修过程：引起此故障的原因有洗衣机底座不平或地面不平导致洗衣机内桶与外桶壁发生碰撞；电动机皮带因老化出现过松；洗衣机内部的零部件螺钉松动；传动轴的齿轮磨损严重；三脚架磨损或断裂；等等。

故障处理：该机故障是传动轴轴承磨损严重（如图 5-76 所示）造成的，更换轴承即可。

提示：

当洗衣机在甩干的时候出现火车般的噪声，说明轴承已经损坏；洗衣机工作转动的时候有"咯噔咯噔"的声音，一般为三脚架损坏。

皮带

电机

新的轴承
与油封

磨损的轴
承与油封

图 5-76　轴承

三、格兰仕 XQG60-A708 滚筒洗衣机开机正常，几秒后"嘀嘀"两声报警，指示灯闪烁，洗衣机不能工作

维修过程：出现此种故障时，首先关闭一下洗衣机的电源，再重新打开，若故障依旧，则说明问题出在洗衣机内部的电脑板（如图 5-77）或电气控制系统。

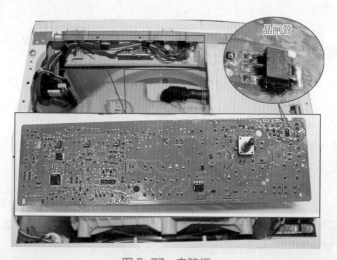

晶闸管

图 5-77　电脑板

故障处理：本例故障查为电脑板上双向晶闸管 0109NN 损坏所致，更换同型号晶闸管即可。

提示：

这款洗衣机电脑板上双向晶闸管易烧坏。

四、三星 XQB60-Q85S 波轮洗衣机脱水时波轮转，内桶不转

维修过程：出现此故障时，应先通电启动脱水功能，观察电动机轴的转动与传动皮带盘的伸张韧度，当皮带配合的比较紧，则可排除皮带有问题的可能，传动电动机转动顺畅则可排除电路控制关系引起的不良；然后检查排水阀是否把离合器转换拉开；最后检查门开关触点是否接触良好，以上问题都检查无误了再检查离合器和控制板。

故障处理：本例查为排水牵引器（如图 5-78）有问题造成不能完全拉开，从而导致此故障，更换排水牵引器即可。

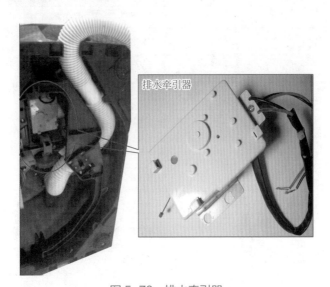

图 5-78　排水牵引器

提示：

①排水牵引器复位是靠离合器来复位的，检测排水牵引器是否有故障时，可将牵引器的线端拆下直接接 220V 电源，若牵引器能动作则问题出在电脑板，反之则是牵引器故障。若排水牵引器一直都有电在工作，则就是控制板有问题。②门开关触点处于洗衣机上盖板内，它负责给洗衣机程序触动供电。

维修参考资料

一、74HC174 芯片技术资料

附表1 74HC174 芯片技术资料

脚号	引脚符号	引脚功能	备注
1	RESET	复位端	
2	Q0	数据输出	
3	D0	数据输入	
4	D1	数据输入	
5	Q1	数据输出	
6	D2	数据输入	
7	Q2	数据输出	
8	GND	地	该集成电路为触发器，应用在水仙 XQB30-111 型洗衣机上
9	CLOCK	时钟信号	
10	Q3	数据输出	
11	D3	数据输入	
12	Q4	数据输出	
13	D4	数据输入	
14	D5	数据输入	
15	Q5	数据输出	
16	V_{cc}	电源	

二、AT80C51 单片机参考应用电路图

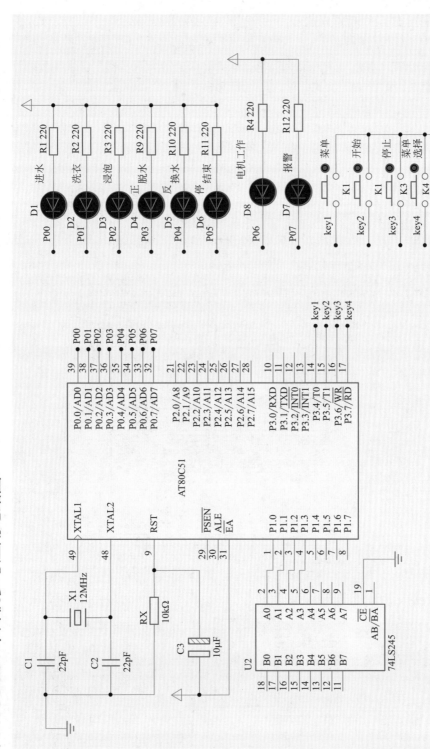

附图 1　AT80C51 单片机参考应用电路图

三、AT89C52 单片机典型参考应用电路

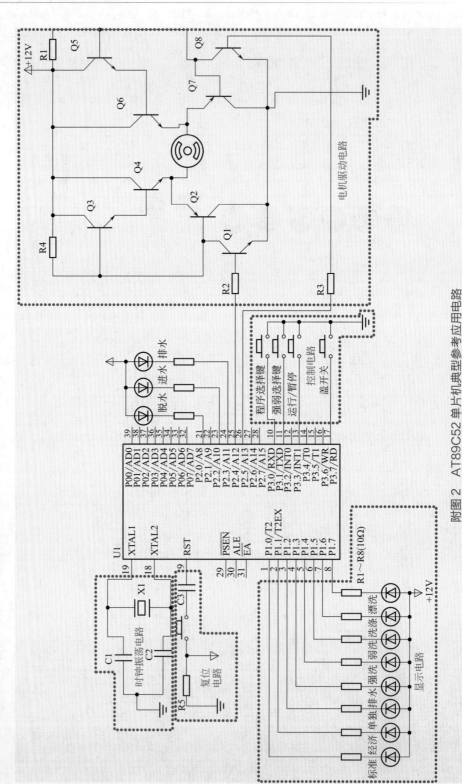

附图 2　AT89C52 单片机典型参考应用电路

四、KS24C010 芯片技术资料

附表 2 KS24C010 芯片技术资料

脚号	引脚符号	引脚功能	备注
1	A0	地址选择输入	
2	A1	地址选择输入	
3	A2	地址选择输入	
4	V_{ss}	地	
5	SDA	串行数据输入与输出	该集成电路为串行存储芯片，应用在三星 SMV-1200 洗衣机上，KS24C010 内部结构如附图 3 所示
6	SCL	串行时钟输入	
7	WP	写保护	
8	V_{cc}	电源	

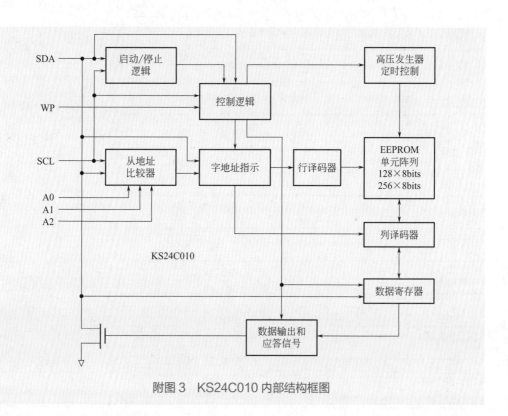

附图 3 KS24C010 内部结构框图

五、MB89F202 芯片技术资料

附表 3 MB89F202 芯片技术资料

脚号		引脚代码	引脚功能	备注
DIP 封装	SSOP 封装			
1	1	P04/$\overline{INT}$ 24	I/O 端子 / 外部中断 24	
2	2	P05/$\overline{INT}$ 25	I/O 端子 / 外部中断 25	
3	3	P06/$\overline{INT}$ 26	I/O 端子 / 外部中断 26	
4	4	P07/$\overline{INT}$ 27	I/O 端子 / 外部中断 27	
5	5	P60	CMOS 输入端子	
6	6	P61	CMOS 输入端子	
7	7	$\overline{RST}$	复位 I/O 引脚	
8	8	X0	连接晶振用作主时钟的引脚	
9	9	X1	连接晶振用作主时钟的引脚	
10	10	V_{SS}	电源	MB89F202 为 8 位微控制器，采用 DIP 和 SSOP 两种方式封装，MB89F202 内部结构如附图 4 所示
11	11	P37/BZ/PPG	CMOS I/O 端子 / 蜂鸣器信号 / 可编程脉冲	
12	12	P36/INT12	CMOS I/O 端子 / 外部中断 12	
13	13	P35/INT11	CMOS I/O 端子 / 外部中断 11	
14	14	P34/TO/INT10	CMOS I/O 端子 / 外部中断 10	
15	15	P33/EC	CMOS I/O 端子 / 外部事件计数器输入	
16	17	C	调节供电的电容引脚	
17	18	P32/UI/SI	CMOS I/O 端子 / 并行数据输入 / 串行数据输入	

续表

脚号		引脚代码	引脚功能	备注
DIP 封装	SSOP 封装			
18	19	P31/UO/SO	CMOS I/O 端子 / 并行数据输出 / 串行数据输出	
19	20	P30/UCK/SCK	CMOS I/O 端子 / 并行时钟 / 串行时钟	
20	21	P50/PWM	CMOS I/O 端子 / 脉冲控制	
21	23	P70	CMOS I/O 端子	
22	24	P71	CMOS I/O 端子	
23	25	P72	CMOS I/O 端子	
24	26	P40/AN0	CMOS I/O 端子 / 转换器模拟输入 0	
25	27	P41/AN1	CMOS I/O 端子 / 转换器模拟输入 1	
26	28	P42/AN2	CMOS I/O 端子 / 转换器模拟输入 2	MB89F202 为 8 位微控制器，采用 DIP 和 SSOP 两种方式封装，MB89F202 内部结构如附图 4 所示
27	29	P43/AN3	CMOS I/O 端子 / 转换器模拟输入 3	
28	30	P00/$\overline{INT\,20}$/AN4	CMOS I/O 端子 / 外部中断 20/ 转换器模拟输入 4	
29	31	P01/$\overline{INT\,21}$/AN5	CMOS I/O 端子 / 外部中断 21// 转换器模拟输入 5	
30	32	P02/$\overline{INT\,22}$/AN6	CMOS I/O 端子 / 外部中断 22// 转换器模拟输入 6	
31	33	P03/$\overline{INT\,23}$/AN7	CMOS I/O 端子 / 外部中断 /23/ 转换器模拟输入 7	
32	34	V_{CC}	电源	
–	16	NC	未用	
–	22	NC	未用	

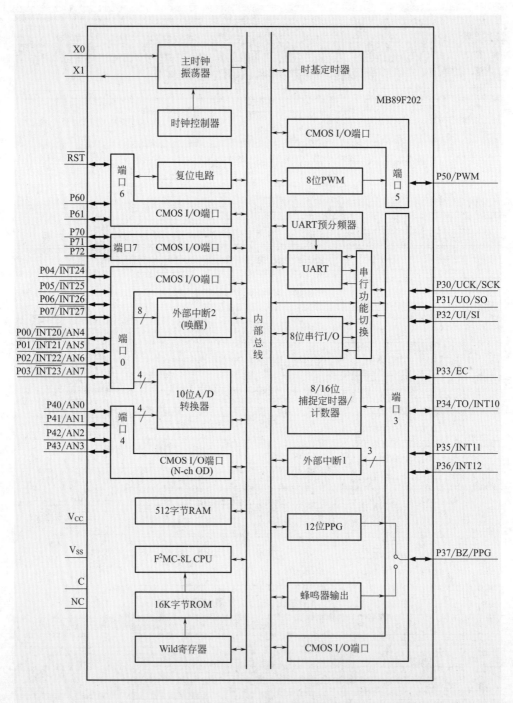

附图4　MB89F202内部结构

六、MC68HC05SR3 单片机参考应用电路框图

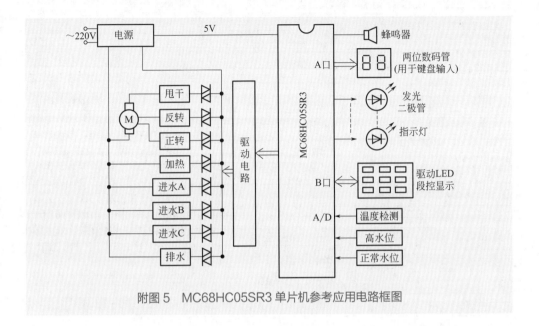

附图 5　MC68HC05SR3 单片机参考应用电路框图

七、NEC-RSD940307 芯片技术资料

附表 4　NEC-RSD940307 芯片技术资料

脚号	引脚功能	备注
1～3	空脚	
4	电源自锁开关控制	该单片机采用40脚双列直插封装，采用单组+5V电源（4.5～6.5V）供电，在内部单片电路上含有8位微处理器、ROM、RAM和I/O接口，含有82位A/D转换器，两个输入通道，8个比较器输入端口。具有高电流驱动能力。如附图6所示为该芯片应用在荣事达XQB38-92全自动洗衣机上的参考电路
5	蜂鸣器控制	
6	键控脉冲输出	
7	键控脉冲输出	
8	水位，门盖开关检测	
9	测试端	
10	电动机正转控制	
11	电动机反转控制	
12	排水电磁阀控制（高电平排水）	
13	进水电磁阀控制	

续表

脚号	引脚功能	备注
14～15	旁路或滤波端	
16	V_{DD} 供电端 +5V 输入	
17	旁路或滤波端	
18	单片机复位端 RESET	
19	时钟振荡元件外接端	该单片机采用40脚双列直插封装，采用单组 +5V 电源（4.5～6.5V）供电，在内部单片电路上含有8位微处理器、ROM、RAM 和 I/O 接口，含有82位 A/D 转换器，两个输入通道，8 个比较器输入端口。具有高电流驱动能力。如附图 6 所示为该芯片应用在荣事达 XQB38-92 全自动洗衣机上的参考电路
20	接电容 C17	
21	时钟振荡元件外接端	
22	接地端	
23	电源电压检测端	
24～30	接地端	
31～33	LED 驱动电压输出	
34	空脚（未用）	
35～37	键控脉冲信号输出	
38	空脚（未用）	
39、40	接地端	

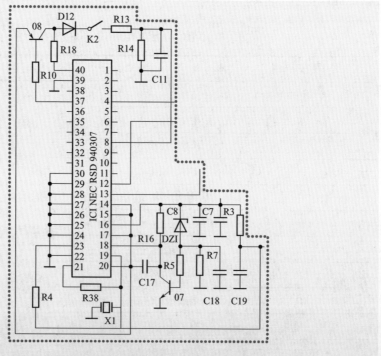

附图 6　单片机 NEC-RSD940307 参考应用电路

八、RSD940307 微电脑程控芯片单片机参考应用电路图

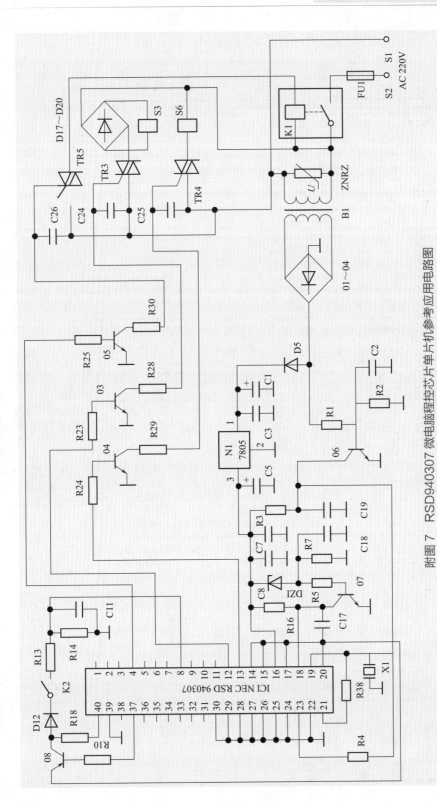

附图7 RSD940307 微电脑程控芯片单片机参考应用电路图

九、TB6575FNG 芯片技术资料

附表5　TB6575FNG 芯片技术资料

脚号	引脚符号	引脚功能	备注
1	GND	地	
2	SC	电容器设置启动时间与占空比坡道时间连接	
3	OS	晶体管极性选择	
4	FMAX	最大交换频率	
5	VSP	占空比控制输入	
6	CW_CCW	旋转方向输入	
7	FG_OUT	转速传感器输出	
8	START	电机启动	
9	IP	电机启动时间设置	
10	XT_{out}	振荡器输出	
11	XT_{in}	振荡器输入	
12	LA	超前角控制输入	该集成电路为传感器的 PWM 控制器的三相全波直流无刷电动机, 采用 SSOP24 封装。应用在洗衣机上, 外形及内部框图如附图 8 所示
13	OUT_UP	PWM 输出信号 (高边 (正端) 晶体管驱动电动机 U 相)	
14	OUT_UN	PWM 输出信号 (低边 (负端) 晶体管驱动电动机 U 相)	
15	OUT_VP	PWM 输出信号 (高边 (正端) 晶体管驱动电动机 V 相)	
16	OUT_VN	PWM 输出信号 (低边 (负端) 晶体管驱动电动机 V 相)	
17	OUT_WP	PWM 输出信号 (高边 (正端) 晶体管驱动电动机 W 相)	
18	OUT_WN	PWM 输出信号 (低边 (负端) 晶体管驱动电动机 W 相)	
19	Duty	PWM 输出监控	
20	SEL_LAP	重叠交换选择	
21	V_{DD}	电源	
22	OC	过电流检测输入	
23	WAVE	位置检测输入	
24	FST	强迫交换频率选择	

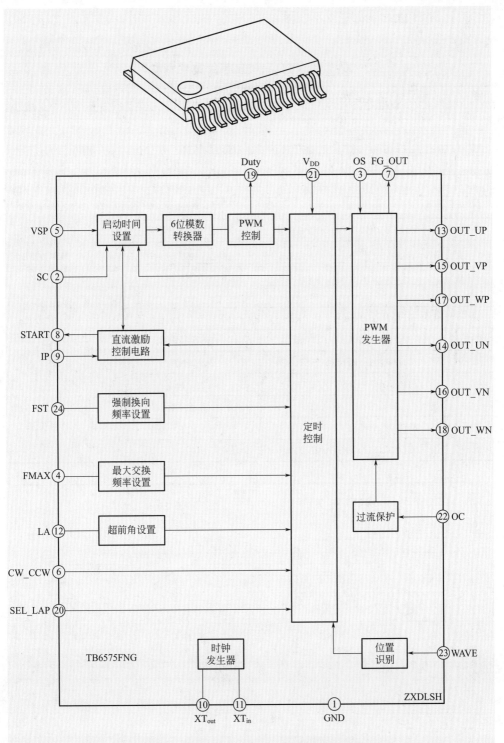

附图8　TB6575FNG 外形及内部结构框图

十、TDA1085 芯片技术资料

附表6 TDA1085 芯片技术资料

脚号	引脚符号	引脚功能	备注
1	CURRENT SYNCHRONIZATION	电流同步	
2	VOLTAGE SYNCHRONIZATION	电压同步	
3	MOTOR CURRENT LIMIT	电动机电流限制	
4	ACTUAL SPEED	实际速度	TDA1085 为 美 国 MOTOROLA 公司生产的单相交流换向器电动机控制器,它在交流电源下,控制双向晶闸管,实现对滚筒式洗衣机电动机交流相控调速。应用在小鸭 XQG50-428G 滚筒洗衣机、西门子 WM2100 型滚筒式洗衣机上。TDA1085 内部结构如附图9所示
5	SET SPEED	设置速度	
6	RAMP CURRENT GEN CONTROL	锯齿波电流发生器控制	
7	RAMP GEN TIMING	锯齿波发生器定时	
8	GND	地	
9	V_{CC}	电源	
10	SHUNT REGULATOR BALLAST RESISTOR	分路调节器稳流电阻器	
11	F/VC PUMP CAPACITOR	F/VC 泵电容	
12	DIGITAL SPEED SENSE	数字速度检测	
13	TRIGGER PULSE OUTPUT	触发脉冲输出	
14	SAWTOOTH CAPACITOR	锯齿电容	
15	SAWTOOTH SET CURRENT	锯齿设置电流	
16	CLOSED LOOP STABILITY	闭环稳定	

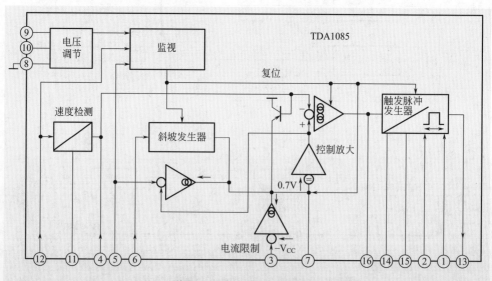

附图9 TDA1085 内部结构

十一、TNY264P 芯片技术资料

TNY264P 为高效单片开关电源专用芯片，内含振荡器、5.8V 稳压器、使能检测与逻辑电路、开关控制器与输出级、上电 / 掉电功能电路及过压、过流、过热保护电路等。采用开、关控制器代替传统的 PWM 脉宽调制器，对输出电压进行调节。其内部电路组成框图如附图 10 所示。

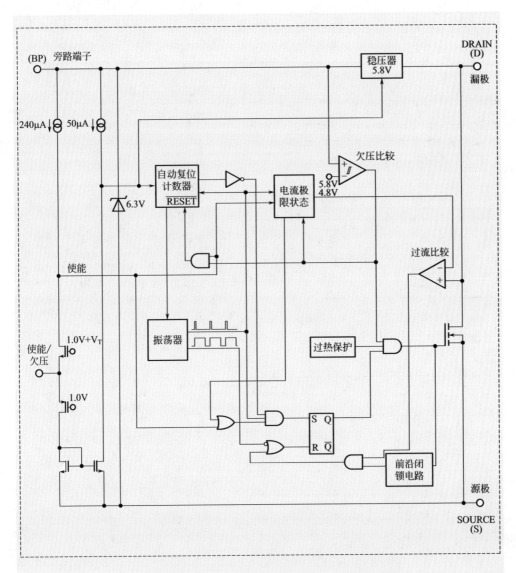

附图 10　TNY264P 开关电源专用芯片内部电路结构

十二、ULN2003 芯片技术资料

附表 7　ULN2003 芯片技术资料

脚号	引脚符号	引脚功能	备注
1	INPUT1	输入端	
2	INPUT2	输入端	
3	INPUT3	输入端	
4	INPUT4	输入端	
5	INPUT5	输入端	
6	INPUT6	输入端	
7	INPUT7	输入端	ULN2003 为多路反相驱动集成电路，是高耐压、大电流达林顿阵列，由七个硅 NPN 达林顿管组成，每一对达林顿都串联一个 2.7kΩ 的基极电阻，在 5V 的工作电压下它能与 TTL 和 CMOS 电路直接相连，可以直接处理原先需要标准逻辑缓冲器来处理的数据。ULN2003 可用 MC1413 代用。ULN2002、ULN2003、ULN2004 均采用 DIP-16 或 SOP-16 塑料封装，其封装与内部结构如附图 11 所示
8	GND	地	
9	COMMON	公共端	
10	OUT7	输出端	
11	OUT6	输出端	
12	OUT5	输出端	
13	OUT4	输出端	
14	OUT3	输出端	
15	OUT2	输出端	
16	OUT1	输出端	

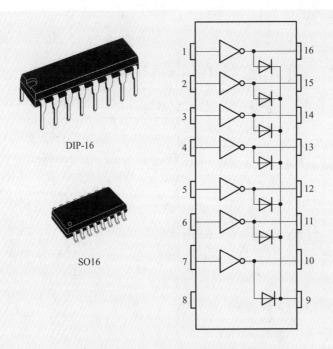

附图 11 ULN2003 封装及内部结构

十三、ULN2803 驱动芯片参考应用电路图

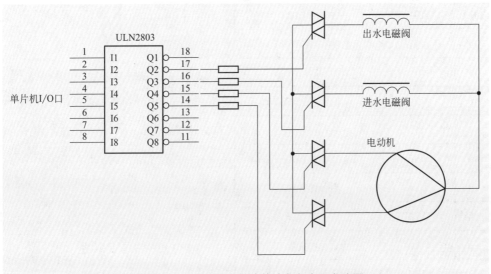

附图 12 ULN2803 驱动芯片参考应用电路图

十四、UPD7507 芯片技术资料

附表 8　UPD7507 芯片技术资料

脚号	引脚符号	引脚功能	备注
1	X2	晶体时钟	
2	$P2_0/\overline{PSTB}$	输出端 2/ 输出选通脉冲	
3	$P2_1/PTOUT$	输出端 2/ 定时器输出	
4	$P2_2$	输出端 2	
5	$P2_3$	输出端 2	
6	$P1_0$	输入 / 输出端 1	
7	$P1_1$	输入 / 输出端 1	
8	$P1_2$	输入 / 输出端 1	
9	$P1_3$	输入 / 输出端 1	
10	$P3_0$	输出端 3	
11	$P3_1$	输出端 3	UPD7507 为 4 位单片 CMOS 微处理器，采用 40 脚 DIP 封装。应用在荣事达 XQB38-92 全自动洗衣机上
12	$P3_2$	输出端 3	
13	$P3_3$	输出端 3	
14	$P7_0$	输入 / 输出端 7	
15	$P7_1$	输入 / 输出端 7	
16	$P7_2$	输入 / 输出端 7	
17	$P7_3$	输入 / 输出端 7	
18	RESET	复位输入	
19	CL1	系统时钟输入	
20	V_{DD}	电源	
21	CL2	系统时钟输入	
22	INT1	外部中断	

续表

脚号	引脚符号	引脚功能	备注
23	P0$_0$/INT0	输入端 0/ 外部中断	
24	P0$_1$/$\overline{SCK}$	输入端 0/ 时钟	
25	P0$_2$/SO	输入端 0/ 串行输出接口	
26	P0$_3$/SI	输入端 0/ 串行输入接口	
27	P6$_0$	输入 / 输出端口 6	
28	P6$_1$	输入 / 输出端口 6	
29	P6$_2$	输入 / 输出端口 6	
30	P6$_3$	输入 / 输出端口 6	
31	P5$_0$	输入 / 输出端口 5	UPD7507 为 4 位单片 CMOS 微处理器,采用 40 脚 DIP 封装。应用在荣事达 XQB38-92 全自动洗衣机上
32	P5$_1$	输入 / 输出端口 5	
33	P5$_2$	输入 / 输出端口 5	
34	P5$_3$	输入 / 输出端口 5	
35	P4$_0$	输入 / 输出端口 4	
36	P4$_1$	输入 / 输出端口 4	
37	P4$_2$	输入 / 输出端口 4	
38	P4$_3$	输入 / 输出端口 4	
39	V$_{ss}$	地	
40	X1	晶体时钟	

十五、μPA2003 芯片技术资料

附表 9　μPA2003 芯片技术资料

脚号	引脚符号	引脚功能	备注
1	INPUT1(BASE)	输入端(基极)	1. 封装:采用 16 脚 DIP 封装
2	INPUT2(BASE)	输入端(基极)	2. 用途:反相驱动集成电路

续表

脚号	引脚符号	引脚功能	备注
3	INPUT3（BASE）	输入端（基极）	
4	INPUT4（BASE）	输入端（基极）	
5	INPUT5（BASE）	输入端（基极）	
6	INPUT6（BASE）	输入端（基极）	
7	INPUT7（BASE）	输入端（基极）	
8	GND	地	3. 兼容或代换的型号有：BA12003、ECG2013、M54523P、MC1413P、NTE2013、SK9093、TCG2013、ULN2003、ULN2013A 等
9	SK	浪涌抑制	4. 应用领域：洗衣机、空调等家用电器
10	OUTPUT7（COLLECTOR）	输出端（集电极）	5. 封装及内部结构如附图 13 所示
11	OUTPUT6（COLLECTOR）	输出端（集电极）	
12	OUTPUT5（COLLECTOR）	输出端（集电极）	
13	OUTPUT4（COLLECTOR）	输出端（集电极）	
14	OUTPUT3（COLLECTOR）	输出端（集电极）	
15	OUTPUT2（COLLECTOR）	输出端（集电极）	
16	OUTPUT1（COLLECTOR）	输出端（集电极）	

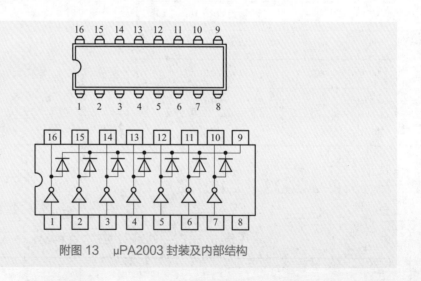

附图 13　μPA2003 封装及内部结构

附录二

代码参考资料

一、创维滚筒洗衣机故障代码

附表 10 创维滚筒洗衣机故障代码

代码	代码含义	检查部位	备注
IE	进水故障	检查进水系统；检查水龙头开关、水压、进水阀滤网是否堵塞、水位传感器及气管是否异常	进水超时：洗衣机进水过程中 7min 水位无变化
UE	脱水故障，动平衡故障	手工调整桶内衣物状态；调整支撑脚改善整机平稳度	
FE	溢水故障	检查进水阀、水位传感器及气管	溢水保护：洗衣机内的水位超过了溢水水位
PE	水位故障	检查水位传感器、连接器	
C51	水位传感器故障	检查接插件、水位传感器、电脑板	接插件松脱，频率信号异常
OE	排水故障	检查电脑板排水晶闸管，排水泵是否有小衣物进入、排水泵是否堵塞	排水超时：洗衣机排水泵排水 6min，水位没有变化
DE	门锁故障	检查门的开和关是否有卡塞，门锁及连接器，门锁的机械连接；把电源的火线和零线交换	
C07	温度传感器故障	检查加热管传感器接线，洗涤加热温度传感器是否开路	

续表

代码	代码含义	检查部位	备注
C08	温度传感器故障	检查加热管传感器接线，洗涤加热温度传感器是否短路	
TE	温度故障	检查加热管以及接线，温度传感器、连接器	洗涤加热管报警：正在洗涤加热时，洗衣机加热管不加热，温度值≤0℃或≥98℃，即出现异常温度
C10	程序版本故障	记忆芯片错误，换电脑板；进工厂模式更改程序版本号	变种错误
C11	电源键卡死故障	检查电源按键的装配或者控制器	控制板报警：电源按键卡死
LE	电动机约束故障	检查电动机及电动机线，电脑板	电动机堵转报警：连续3.5s电动机的转速仍然为零，且电流偏大
CE	断线故障	检查电动机晶闸管是否损坏报警或继电器粘连，电脑板，电动机连接线及插接端子	洗衣机发现电动机测速信号不正常
EE	存储器故障	外接Flash存储器读取失败，电压不稳，用户家电压低于187V或者高于286V就会出现此故障代码	按下电源键重新执行程序就可正常使用；换电脑板
PF	断电故障	正常现象，提示顾客此前发生了断电；在此情况下按"启动键"后继续运行断电前程序	洗衣机工作中发生了断电，然后恢复供电并按电源键开机
HE	位置传感器故障	检查传感器端子是否松脱，位置传感器、连接器	位置传感器信号丢失

二、海尔 TQG75-K1261A 滚筒洗衣机故障代码

附表 11　海尔 TQG75-K1261A 滚筒洗衣机故障代码

代码	代码含义	备注
E1	排水故障	清洗排水阀过滤器，检查排水管是否堵塞，若仍出现，联系维修
E2	门锁锁门异常或未关好门	重新关好机门，若仍出现，联系维修

续表

代码	代码含义	备注
E4	进水异常	按启动 / 暂停键解除，检查是否打开水龙头，水压过低或停水，若仍出现，请联系维修
E8	超过报警水位	自动解除，若仍出现，请联系维修
F3	温度传感器故障（程序结束后显示）	请联系维修
F4	加热故障（程序结束后显示）	请联系维修
F7	电动机停转	请联系维修
FR	水位传感器故障	请联系维修
End	全程序结束	
L-1	选择衣量代码，衣物少于 1kg 时选择	
L-3	选择衣量代码，衣物约 3kg 时选择	
L-7/L-8	洗衣机衣量显示代码，衣物基本满筒时显示	
Unb	脱水时分布不平衡	将衣物取出抖散均匀，若仍出现，请联系维修

三、海尔波轮洗衣机故障代码

附表 12　海尔波轮洗衣机故障代码

旧代码	新代码	代码含义	备注
E2	E0	预约开盖	预约时，门盖打开
E1	E1	排水异常	排水超过 8min
E2	E2	开盖异常	门盖开关没有关好
E3	E3	防撞开关断开	防撞安全开关断开
E4	E4	进水超时	水位没有到报警
F3	E5	温度异常	温度传感器短路或者断开
FA	E6	水位传感器	电脑板没有检测到传感器

续表

旧代码	新代码	代码含义	备注
FC	E7	通信故障	主板与显示板电动机之间通信断开
	E8	童锁没有锁上	门锁检测到没有锁好
	E9	显示板和电源板通信故障	
F2	F2	上排水泵溢水保护	
F9	F5	烘干温度传感器短路或者断路	

四、海尔滚筒洗衣机故障代码

附表13 海尔滚筒洗衣机故障代码

代码	代码含义	备注
AUTO	自动称重衣物状态	并非故障无需检修
E1	排水故障	检查排水阀及电脑板
E2	锁门故障	检查门锁及电脑板
E3	温度传感器	检查传感器加热管电脑板
E4	进水异常	检查进水部分相关部件
E8	水位超高	超出预定水位
E12	烘干过程中筒内水位超限定值	
F4	加热超时	检查加热管及电脑板
F7	电动机不转	检查电动机、变频器、电脑板
F9	烘干温度传感器异常	
FR 或 ER10	水位传感器异常	检查水位传感器或电脑板
FC	通信故障	检查电脑板及驱动器
FC0	显示板通信故障	代换显示板
FC1	电源与驱动器通信故障	

续表

代码	代码含义	备注
FC2	电源板与显示板通信故障	
FC3	显示板与烘干板通信故障	
FD	烘干加热管异常	
FE	烘干风机异常	
H	筒内温度过高	
ERR1	锁门故障	检查门锁及电脑板
ERR2	排水超时	预定时间内水未排完
ERR3	水温传感器异常	
ERR4	加热超时	检查加热管相关部件
ERR5	进水超时	检查进水相关部件
ERR7	电动机不转报警	检查电动机变频板及线路
ERR8	水位超高	超出预定水位
UNB	脱水时衣物分布不平衡（偏心保护）	
LOCK	不符合开门条件	
PAUS	断电再通电后暂停状态	非故障码无需检修
CLOK	童锁功能，按键被锁定	
CLRD	童锁功能，按键被锁定	
END	程序运行结束	非故障码

适用机型：XQG60-S1086AM、XQG60-S1086、XQG60-K8866 关爱、XQG60-K1079、XQG60-9866、XQG60-8866AMT LM、XQG60-8866（家家喜）、XQG60-8866、XQG60-812AMT LM、XQG60-812 家家爱、XQG60-812 AM、XQG60-808 FM、XQG60-1090 Z、XQG60-10866 和 谐、XQG60-10866J、XQG60-10866A 家家爱、XQG60-10866 FM、XQG60-10866、XQG60-1086、XQG60-1079、XQG60-1012AMT LM、XQG60-1008（白）、XQG60-1008 FM、XQG60-1007、XQG60-1000J、XQG60-1000、XQG56-K9866、XQG56-9866 FM、XQG56-9866、XQG56-8866、XQG56-812AMT LM、XQG56-12866、XQG56-10866AMT LM、XQG56-1012AMT LM、XQG50-K9866 关爱、XQG50-K9866、XQG50-K8866G、XQG50-K8866、XQG50-9866 FM、XQG50-8866AMT LM、XQG50-8866A 白色、XQG50-8866、XQG50-10866AMT LM、WF306SCHWW、WF306SCHSS、WF305SCHWW、WF305SCHSS、TQG60-K10868A、TQG60-K10868、TQG60-877、TQG60-10866 下乡、TQG60-1077、TQG60-1008B、TQG60-1008A、HPM XQG60-10866 白色、HPM XQG60-10866、HPM XQG50-8866、TQG50-9866 下乡、TQG70-1021、G7061810W、XQG70-1029WG、TQG60-1008A 下乡。

五、海信滚筒洗衣机故障代码

附表 14　海信滚筒洗衣机故障代码

代码	代码含义	检查部位
F01	进水超时	查水龙头及水压，进水阀
F02	漏水报警	查水位传感器
F03	排水超时	查排水泵、排水管
F04	加热超时	查加热管
F05	温度传感器故障	查温度传感器
F06	无速度反馈	查电动机
F07	晶闸管短路（电动机）	查程控器
F08	加热管故障	查加热管
F12	加热管故障	查加热管
F13	门开关故障	查门开关
F14	数据芯片故障	查程控器
F18	泡沫多	清理泡沫并更换洗涤剂，查水位传感器
F21	显示板接口故障	查显示板、线束
F23	水位传感器故障	查水位传感器（水位开关）
F24	溢水故障	查水位传感器（水位开关）
F26	晶闸管故障（排水泵）	查程控器
F27	反转继电器故障	查继电器
F28	不能高速脱水	查继电器、电动机

六、美的（小天鹅）波轮变频洗衣机故障代码

附表 15　美的（小天鹅）波轮变频洗衣机故障代码

代码	代码含义
C0	变频器与电动机不匹配

续表

代码	代码含义
C1	变频器霍尔故障（堵转）
C2	变频器速度偏差大故障
C3	变频器高电压故障
C4	变频器低电压故障
C5	变频器过载、模块过温故障
C6	变频器过流、短路故障
C7	变频板缺相错误
C8	驱动板与控制板通信错误

七、美的（小天鹅）滚筒洗衣机故障代码

附表16　美的（小天鹅）滚筒洗衣机故障代码

代码	代码含义	故障部位	备注
E10	进水超时	检查进水阀有问题、回气管破或密封不牢、排水管是否挂起	进水过程中 7min 水位无变化
E11	内桶有大量残留水	检查进水阀、泵、电脑板	洗衣机在上电、预约、错误、程序运行结束状态下，桶内有大量残留水
E12	溢水保护	进水阀坏	水位超过溢水水位
E20	排水泵未接好	检查排水泵的接线	电脑板没有排水泵的信号
E21	排水超时	检查排水泵、过滤器是否堵塞、排水管是否堵塞	排水过程中 3min 水位无变化
E30	门锁锁不上	检查门钩是否关到位或门锁是否有问题	洗衣机按启动以后，电脑板 3 次尝试锁门失败
E31	门锁解不开	检查门锁	洗衣机 3 次尝试解锁失败
E32	门在运行过程中被打开	检查门和门锁接线	在洗衣过程中发现门被打开
E33	水位传感器故障	检查水位传感器	水位传感器的频率不在规定的频率范围

续表

代码	代码含义	故障部位	备注
E34	温度传感器故障	检查温度传感器	温度传感器断路
E35	温度传感器故障	检查温度传感器	温度传感器断路
E36	加热管故障	检查加热管	加热管不加热
E40	EEPROM 检查码错误	更换电脑板	电子控制部分
E41	EEPROM 连接错误	更换电脑板	电子控制部分
E50	高压保护	待电压恢复正常后使用	线路电压超过 280V
E60	启动时电动机不转	检查电动机和电脑板	电动机 3 次尝试启动失败
E61	没有测速信号	检查电动机的速度反馈信号线路是否脱落	电动机旋转过程中，电脑板检测不到速度反馈信号
E62	测速信号不正常	更换电脑板	晶闸管击穿
E70	按键卡死	检查按键	按键按下 20s 以上

八、容声滚筒洗衣机故障代码

附表 17　容声滚筒洗衣机故障代码

代码	代码含义	检查部位	代码	代码含义	检查部位
F01	进水超时	查水龙头及水压，进水阀	F08	加热系统故障	查加热系统
F02	溢水报警	查水位传感器	F12	加热管短路	查加热管
F03	排水超时	查排水泵、排水管	F13	门开关故障	查开关
F04	加热管故障	查加热管	F14	存储器故障	查主板
F05	温度传感器故障	查温度传感器	F18	泡沫多	清理泡沫，查水位传感器
F06	无速度反馈	查电动机	F21	显示板接口故障	查显示板、线束
F07	电动机驱动故障	查电动机、主板上晶闸管	F22	主板与电动机通信故障	查线路、接插件、主板

续表

代码	代码含义	检查部位	代码	代码含义	检查部位
F23	水位传感器故障	查水位传感器	Uub	不平衡报警	调整衣物
F24	溢水故障	查水位传感器	C-5	电动机无速度反馈	查电动机、线束、电控板
F26	线路板故障	查线路板	C-7	电动机过流	
F27	正反继电器故障	查电控板	C-8	温度检测模块失效	查温度传感器、电脑板
F28	高速程序器故障	查电控板	C-12	电动机过温	电动机保护，正常
F31	内桶不转	查电动机、电脑板、线束	C-13	电动机缺相	
F32	电动机不停机	查电脑板	C-15	变频器硬件故障	
FDL	门锁监控电路故障	查门锁监控电路			

九、三洋波轮洗衣机故障代码

附表 18 三洋波轮洗衣机故障代码

代码	代码含义	备注
E1	进水异常报警	检查进水是否正常，通气软管是否漏气，水位传感器、电脑板工作是否正常
E2	排水异常报警	检查排水是否畅通，牵引器、电脑板工作是否正常
E3	偏心大，撞桶	
E4	脱水开盖报警	脱水时不能开盖，检测安全开关或磁性开关、电脑板是否正常
E5	儿童锁设置报警	
U4	脱水开盖报警	脱水时不能开盖，检测安全开关或磁性开关、电脑板是否正常
U5	儿童锁设置报警	
EA	水位传感器检测异常	检查线束连接和水位传感器工作是否异常，若是上排水机型还需检测进水、排水是否异常

续表

代码	代码含义	备注
EC	负荷传感异常报警	检查电动机、电脑板工作是否正常
EP	芯片数据异常报警	电脑板故障
Eb	电解槽异常报警	检查电解槽与线束是否短路，电脑板工作是否正常
Ed	电解槽异常报警	检查电解槽与线束是否短路，电脑板工作是否正常
Ed2	波轮主控与变频通信异常	检查电抗器是否接触良好，检查电脑主控板是否正常
777	显示板接收不到主控信号报警	检查主控板与显示板的连线是否良好，显示板是否有问题
E901	大电流报警	确定泡沫是否过多，内桶运转是否正常，电脑主控板是否有问题
E902	电压过高报警	检测用户电压是否过高，霍尔板安装是否异常，电脑主控板是否有问题
E904	电压过低报警	检测用户家电压是否过低，电脑主控板是否有问题
E908	电动机运转异常报警	检查电动机线束是否良好，电脑板主控板是否有问题
E910	漏电流检测过大报警	电脑主控板故障
E920	IPM 硬件异常	电脑主控板故障
E940	霍尔检测异常报警	检查线束和霍尔板是否异常，定子是否有问题
EU	主控继电器异常	电脑主控板故障
EF1	过零检测异常	电脑主控板故障
EF2	EEPROM 数据异常	电脑主控板故障

十、三洋滚筒洗衣机故障代码

附表 19 三洋滚筒洗衣机故障代码

代码	代码含义	检查部位	备注
777	显示通信异常	线束是否有断开状态或接触不良，主控板是否有问题，显示板是否有问题	显示芯片连续 4s 没有通信或者连续 200 次接收信号错误

续表

代码	代码含义	检查部位	备注
E01	臭氧发生器异常工作	主控板至臭氧发生器之间线路是否存在短路，臭氧发生器、主控板是否有问题	
E11	进水异常	进水阀、水位传感器、通气软管是否有问题，主控板是否有问题	进水 20min 没有达到设定水位
E12	排水异常	排水阀、水位传感器、主控板	排水 8min 没有达到复位水位
E6C	水加热器异常工作	主控板	关闭加热器时连续 4s 检测到加热器工作信号
E7C	水加热器没有工作	水加热管、主控板	连续 4s 检测不到加热器工作信号
EA1	水位传感器异常	水位传感器、显示板	
EA2	水位异常高	水位传感器、显示板	在洗涤过程中，连续 12s 检测到异常高水位
EA3	干燥水位异常高	水位传感器、显示板	干燥时连续 2.5s 检测到水位超过设定水位
EC2	温度传感器异常	线束是否有断裂，温度传感器是否短路或者断路	
EC6	烘干加热器异常工作	温控器、保护器	关闭烘干加热器之后，连续 4s 检测到烘干加热器工作
EC7	烘干加热器没有正常工作	线束、烘干继电器、烘干加热管、主控板	在 PCB 检测时，连续 1s 没有检测到烘干加热器工作信号
EC8	烘干风扇异常	风扇电动机、电脑板损坏，线束接触不良	烘干风扇不能正常启动
Ed2	主控通信异常	电脑板损坏	主控芯片连续 4s 没有通信或者是连续 200 次接收信号错误
EF2	无过零中断信号	线束是否断开，主控板是否有问题	连续 8s 检测不到过零信号
EH1	电动机没有启动	电动机线束和碳刷是否正常，串励电动机是否损坏，主控板是否有问题	速度信号异常，连续 30s 没有检测到速度反馈信号
EH2	电动机异常工作	主控板是否有问题	停机 1min 速度没有下降

续表

代码	代码含义	检查部位	备注
E00	臭氧发生器没有正常工作	主控板至臭氧发生器之间线路是否断路,臭氧发生器及电脑主控板本身是否有问题	
H	门盖无法打开	不能开门,桶内温度高,进行降温处理过程中,温度下降后解锁	加热洗涤中途暂停
O3H	门盖无法打开	不能开门,桶内臭氧浓度高,等臭氧分解到安全浓度后解锁	空气洗、除菌中途暂停
U3	脱水偏心异常	查减振器、配重块	进行最终脱水时,经过3次调整,仍检测到偏心值大于12
U4	门锁异常	门锁组件短路,主控板有问题	连续三次解锁没有解除,连续三次上锁没有锁住
U81	最终脱水时检测到泡沫过多或负载过大		连续六次不能正常脱水
UL	设置儿童锁功能		

十一、松下波轮洗衣机故障代码

附表20　松下波轮洗衣机故障代码

代码	代码含义	检查部位
H01	水位开关有问题	水位开关连接线是否接触良好,电源水位传感器或电脑板是否有问题
H02	电动机双向晶闸管异常	电动机、电脑板是否有问题
H04	电源继电器短路异常	电脑板是否有问题
H05	记忆异常(芯片存储器异常)	电脑板是否有问题
H07	运转传感器异常	电动机传感插线是否良好,离合电动机牵引器、电脑板是否有问题
H08	热敏电阻异常	电压过高,更换电脑程控器
H09	通信线断线异常	通信线是否断线或接线头存在接触不良

代码	代码含义	检查部位
H10	暖风热敏电阻异常	控制座内加热器附近的热敏电阻器连接线是否不良，风扇、电脑板是否有问题
H11	吸气热敏电阻（TH1）异常	交换吸气热敏电阻 TH1 接线是否接触良好，程控器是否有问题
H15	冷却热敏电阻（TH2）异常	接线头部是否接触良好，冷却热敏电阻（TH2）及程控器是否有问题
H21	溢水异常	进水阀输入电压是否正常，进水阀、电脑程控器是否有问题，操作排水电动机牵引器排水
H25	排水电动机牵引器异常	排水电动机牵引器插线是否异常，排水电动机牵引器与电脑板是否有问题
H26	离合器牵引器异常	电动机牵引插线是否异常，离合电动机牵引器及电脑板是否有问题
H27	机盖锁定异常	机盖锁定开关插线是否异常，机盖锁定开关及电脑板是否有问题
H38	泡传感器 1 或 2 回路异常	泡传感器是否良好
H51	过负荷异常	电动机和运转传感接线是否异常，离合电动机组件、电脑板是否有问题
H52	高电压异常（检查输入电压超过 20%）	输入电压是否过高
H53	低电压异常（检查输入电压低于 35%）	输入电压是否过低
H55	离合电动机交流器过电流异常（离合电动机电流超过 4A）	转换电源再检查电脑板、离合电动机是否有问题
H56	离合电动机交流器过电流异常（离合电动机电流超过 5A）	切断电源再检查电脑板、离合电动机是否有问题
H57	离合电动机减磁电流异常	切断电源再检查电脑板、离合电动机是否有问题
H59	风扇电动机异常	风扇电动机、电脑板是否有问题
H65	加热器用主继电器驱动回路异常	接线头是否接触良好，程控器是否有问题
H66	加热器异常	插线是否异常，加热器、电脑板是否有问题

续表

代码	代码含义	检查部位
H67	加热器2驱动回路异常	接线头是否接触良好，程控器是否有问题
U11	排水异常	排水是否正常，排水管是否堵塞，排水电动机牵引器是否有问题
U12	机盖打开异常	机盖是否打开，机盖上的磁铁是否正常，电脑板上的机盖开关是否接触良好
U13	不平衡修正异常	衣物是否侧向一边，洗衣机安装是否正确，安全开关是否良好
U14	进水异常	水源是否异常，进水阀或电脑板是否有问题
U15	干燥时有水异常	进行脱水排水，拔下电源插头过5s后插上重新操作
U25	干燥时布不平衡异常（烘干过程中衣物不平衡）	衣物是否侧向一边，洗衣机安装是否正确，安全开关是否良好
U99	儿童安全锁对应异常	是否设置了安全功能，在有水状态下打开机盖

十二、松下滚筒洗衣机故障代码

附表21 松下滚筒洗衣机故障代码

代码	代码含义	检查部位
H01	水位（压力）感应器异常	接线头是否接触良好，水位传感器、程控器是否有问题
H04	电源开关继电器短路异常	机身和导线是否漏电，程控器是否有问题
H05	到芯片存储器通路异常	程控器是否有问题
H07	旋转感应器异常	传感器接头是否接触良好，导线是否断线，程控器是否有问题
H09	通信线断线异常	通信线是否断线或接线头是否接触良好，程控器是否有问题
H17	温水热敏电阻异常	接线是否接触良好
H18	电动机热保护器TH5开路或短路	电动机接插线是否异常，电动机是否有问题
H21	溢水异常	进水阀是否有问题，程控器是否有问题

续表

代码	代码含义	检查部位
H23	加热器 3 驱动回路异常	程控器是否有问题
H25	排水用电动机牵引器异常	电动机牵引器的连接头是否脱落，电动机牵引器是否有问题，程控器是否有问题
H27	机盖锁定开关异常	接线头是否脱落，机盖锁定开关是否良好，程控器是否有问题
H29	冷却风扇异常	冷却风扇是否异常，冷却电动机、电脑板是否有问题
H38	泡传感器 1 或 2 回路异常	泡传感器是否不良，程控器是否有问题
H41	3D 传感数据传输异常	3D 传感器、电脑板是否有问题
H43	洗衣机内部漏水	洗衣机内部进水管或管接头是否存在漏水
H46	漏水传感器开路或短路	漏水传感器、电脑板是否有问题
H52	高电压异常（检查输入电压超过 20%）	输入电压是否过高
H53	低电压异常（检查输入电压低于 35%）	输入电压是否过低
H55	变频过电流异常	变频离合电动机、程控器是否有问题
H56	变频 2 回路过电流异常	变频离合电动机、程控器是否有问题
H57	减磁电流检知异常	变频离合电动机、程控器是否有问题
H59	循环风扇电动机回转异常	循环风扇电动机、程控器是否有问题
H65	加热用主继电器驱动回路异常	接线头是否接触良好，程控器是否有问题
H66	加热器 1 驱动回路异常	接线头是否接触良好，程控器是否有问题
H67	加热器 2 驱动回路异常	接线头是否接触良好，程控器是否有问题
U11	排水异常	排水阀、排水软管等排水系统是否存在堵塞，水位传感器、程控器是否有问题
U12	开机盖异常	机盖是否打开，机盖是否变形，机盖锁开关是否有问题
U13	不平衡异常	衣物是否超重，洗衣机放置是否水平
U14	给水异常	是否断水或水龙头是否打开，进水阀、程控器是否有问题
U18	排水过滤器未设置好	排水过滤器是否安装到位

十三、小天鹅 TB75-J5188DCL（S）波轮洗衣机故障代码

附表 22　小天鹅 TB75-J5188DCL（S）波轮洗衣机故障代码

代码	代码含义	备注
E1	进水超时报警	进水时间超过 30min
E2	排水超时报警	排水时间超过 6min
E3	脱水报警	门开关未合上
E4	撞桶报警	连续撞桶三次
F0	不跳电	电源按下无反应
F2	EPROM 故障	EPROM 无法正常读写
F5	模糊称重故障	电路故障
F4	电动机故障	电动机堵转或电路故障
F8	水位传感器故障	水位传感器损坏或电路有问题

附录三

安装使用及注意事项

　　洗衣机在安装之前，一定要考虑洗衣机的进水、排水是否方便，是买上排水还是下排水。同时还要考虑洗衣机是否具有烘干、消毒等功能。洗衣机的安装比较简单，一般是厂家售后人员直接上门安装好。需要指出的是，用户移动洗衣机的安装要注意以下几点。

　　① 选择干燥、无阳光直射的地方放置洗衣机，且安放处进水方便、排水流畅。下排水洗衣机的排水口要低于洗衣机，对于上排水洗衣机来说，排水口的位置稍高没关系，但不能高于洗衣机的高度。

　　② 洗衣机应放置在坚实、平稳、水平的地面上，最好不要放在洗衣机垫高架上（如附图14所示），也不要放在地毯上。特别是滚筒洗衣机必须要放在坚固的地面上，不能放在垫高架上，否则脱水时会产生很大的噪声，甚至洗衣机会自动走动。

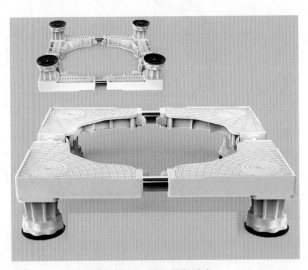

附图14　洗衣机垫高架

　　③ 对于在坚固但不太平衡的地面放置洗衣机（最大允许倾斜度不得超过2°），一定要调整洗衣机的可调脚（如附图15所示）来进行调整。

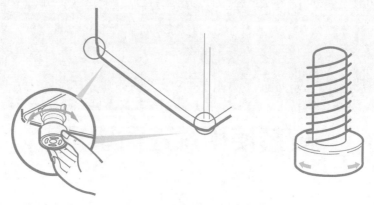

附图15　调整洗衣机的可调脚

④ 洗衣机进水的水龙头要安装洗衣机专用进水水龙头（如附图16所示），不得安装如附图17所示的普通水龙头。其中 A 型水龙头还可勉强使用，其他二种根本无法使用。

附图16　洗衣机专用进水水龙头

A型

B型

16mm以上

C型

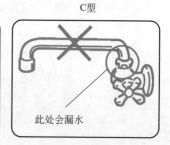

此处会漏水

附图17　不得安装的水龙头

对于长期不移动的洗衣机，建议将水龙头去掉水嘴（如附图18），同时将洗衣机的进水管换成丝口的（如附图19），可有效防止洗衣机进水管脱落，当操作人员离开洗衣现场时，有可能造成室内泡水事故。

附图 18　水嘴

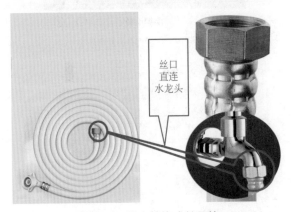

丝口
直连
水龙头

附图 19　进水管换成丝口的

　　使用洗衣机时要先仔细阅读说明书，不同的洗衣机，其操作方法是不一样的。要搞清楚洗衣机的全部功能，最好每个功能都要试一下。有些用户，洗衣机快报废了，洗衣机有些功能都还没用过一次，这样大大地浪费了洗衣机的潜在功能，实际上造成了电器浪费。例如，有些洗衣机具有筒自洁功能（如附图 20所示），这个功能就需要用户每隔一段时间（例如，每月开一次）开启一下，对洗衣机自身进行一次全面彻底的消毒，使被洗衣服不造成二次污染，保护使用者的健康，这一点很重要。

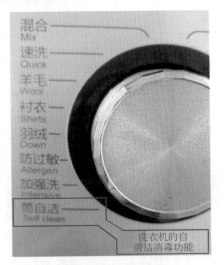

混合
Mix
速洗
Quick
羊毛
Wool
衬衣
Shirts
羽绒
Down
防过敏
Allergen
加强洗
Intensive
筒自洁
Self clean

洗衣机的自
清洁消毒功能

附图 20　筒自洁功能

　　还有一些洗衣机具有网络智能功能，操作者可提前预约（如附图 21 所示），也可利用手机 APP 进行远程操作。如附图 22 所示，在智能家居 APP 上添加洗衣机即可远程控制家里的洗衣机，不需要每次洗衣服时都要等待洗衣机洗完后才能出门，可在外地远程操作洗衣机的各项功能，提高工作效率。

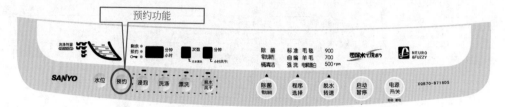

附图 21　洗衣机的预约功能

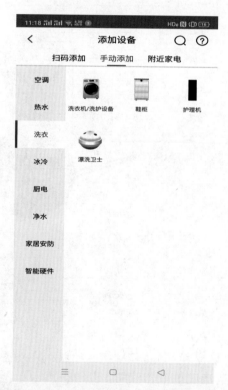

附图 22　智能家居 APP 上添加洗衣机